人工智能时代图像处理技术应用研究

刘顺有　江　涛　张晓琳◎著

吉林科学技术出版社

图书在版编目（CIP）数据

人工智能时代图像处理技术应用研究 / 刘顺有，江
涛，张晓琳著. -- 长春：吉林科学技术出版社，2023.3
ISBN 978-7-5744-0169-3

Ⅰ．①人… Ⅱ．①刘… ②江… ③张… Ⅲ．①人工智
能－应用－图像处理－研究 Ⅳ．①TN911.73

中国国家版本馆 CIP 数据核字(2023)第 053867 号

人工智能时代图像处理技术应用研究

作　者	刘顺有　江　涛　张晓琳
出版人	宛　霞
责任编辑	金方建
幅面尺寸	185 mm×260mm
开　本	16
字　数	263 千字
印　张	11.75
版　次	2024 年 7 月第 1 版
印　次	2024 年 7 月第 1 次印刷

出　版　吉林科学技术出版社
发　行　吉林科学技术出版社
地　址　长春市净月区福祉大路 5788 号
邮　编　130118
发行部电话/传真　0431-81629529　81629530　81629531
　　　　　　　　　　81629532　81629533　81629534

储运部电话　0431-86059116

编辑部电话　0431-81629518

印　刷　北京四海锦诚印刷技术有限公司

书　号　ISBN 978-7-5744-0169-3
定　价　70.00 元

前　言

随着科技的发展，人工智能时代的图像处理技术在人们的生活中得到了广泛的应用。图像处理技术作为信息科技发展的标志，在信息发展中占据了重要的地位。人工智能时代图像处理技术在我国快速发展的同时，我们也应该关注图像处理技术的技术原理和图像处理技术在生活中的应用。

基于此，本书以"人工智能时代图像处理技术应用研究"为题对此技术进行了阐述，全书共设置六章：第一章阐述人工智能的起源与发展、人工智能的学派与学科体系、图像处理技术及其发展方向、智能图像的基准与应用领域；第二章分析计算机图形生成与变换技术，主要涵盖图形生成算法与图形绘制、二维图形的几何变换与剪裁、三维图形的投影变换与剪裁；第三章讨论图像增强与分割技术应用，内容包括图像增强处理技术，图像的频谱变换技术，基于区域、边界与纹理的图像分割技术，图像分割的原则及其具体应用；第四章探讨图像特征提取、压缩与复原技术应用，内容涵盖图像特征提取及其应用分析、图像压缩技术及其在网络中的应用、图像复原技术及其在车牌定位中的应用；第五章论述图像跟踪与融合技术应用，主要涉及图像的形态学处理与应用、智能图像的跟踪算法与应用、智能图像的融合方法与应用；第六章研究人工智能在图像处理技术中的应用，主要包括人工智能图像识别技术的优势与展望、人工智能在医学图像处理中的应用、基于人工智能算法的敦煌舞图像处理技术应用、基于物联网技术的人工智能图像检测系统设计应用。

本书内容丰富，条理清晰，全书将基础知识与发展动向相结合，系统地讲述了人工智能时代图像处理技术中有代表性的技术与应用。此外，本书重点突出，目的明确，立足基本理论，面向应用技术，以必须、够用为尺度，以掌握概念、强化应用为重点，加强理论知识和实际应用的统一。

笔者在撰写本书的过程中，得到了许多专家学者的帮助和指导，在此表示诚挚的谢意。由于笔者水平有限，加之时间仓促，书中所涉及的内容难免有疏漏之处，希望各位读者多提宝贵意见，以便笔者进一步修改，使之更加完善。

目　录

第一章
人工智能与图像处理技术基础

第一节　人工智能的起源与发展

近年来，人工智能发展迅速，已经成为科技界和大众都十分关注的一个热点领域。尽管目前人工智能在发展过程中，还面临很多困难和挑战，但人工智能已经创造出了许多智能产品，并将在越来越多的领域制造出更多的智能产品，为改善人类的生活做出更大贡献。

智能是指学习、理解并用逻辑方法思考事物，以及应对新的或者困难环境的能力。智能的要素包括：适应环境，适应偶然性事件，能分辨模糊的或矛盾的信息，在孤立的情况中找出相似性，产生新概念和新思想。

自然智能是指人类和一些动物所具有的智力和行为能力。人类智能是人类所具有的以知识为基础的智力和行为能力，表现为有目的的行为、合理的思维，以及有效地适应环境的综合性能力。智力是获取知识并运用知识求解问题的能力，能力则指完成一项目标或者任务所体现出来的素质。

人工智能是相对于人的自然智能而言的，就是"人造智能"，指用人工的方法和技术在计算机上实现智能，以模拟、延伸和扩展人类的智能。由于人工智能是在机器上实现的，所以又称机器智能。人工智能包括有规律的智能行为和无规律的智能行为。有规律的智能行为是计算机能解决的，而无规律的智能行为，如洞察力、创造力，计算机目前还不能完全解决。

一、人工智能的起源

"图灵测试"是分别由人和计算机来同时回答某人提出的各种问题。如果提问者辨别不出回答者是人还是机器，则认为通过了测试，并且说这台机器有智能。

"图灵测试"的构成：测试用计算机、被测试的人和主持测试的人。

"图灵测试"的方法如下：

第一，测试用计算机和被测试的人分开去回答相同的问题。

第二，把计算机和人的答案告诉主持人。

第三，主持人若不能区别开答案是计算机回答的还是人回答的，就认为被测计算机和人的智力相当。

图灵测试的本质可以理解为计算机在与人类的博弈中体现出智能，虽然目前还没有机器人能够通过图灵测试，图灵的预言并没有完全实现，但基于国际象棋、围棋和扑克软件进行的人机大战，让人们看到了人工智能的进展。

人们根据计算机难以通过图灵测试的特点，逆向地使用图灵测试，有效地解决了一些难题。如在网络系统的登录界面上，随机地产生一些变形的英文单词或数字作为验证码，并加上比较复杂的背景，登录时要求正确地输入这些验证码，系统才允许登录。而当前的模式识别技术难以正确识别复杂背景下变形比较严重的英文单词或数字，这点人类却很容易做到，这样系统就能判断登录者是人还是机器，从而有效地防止了利用程序对网络系统进行的恶意攻击。

二、人工智能的发展

（一）孕育期

人工智能的孕育期一般指 1956 年以前，这一时期为人工智能的产生奠定了理论和计算工具的基础。

1. 问题的提出

1900 年，第二届国际数学家大会在法国巴黎召开，数学家大卫·希尔伯特庄严地向全世界数学家宣布了 23 个未解决的难题。这 23 道难题道道经典，而其中的第二问题和第十问题则与人工智能密切相关，并最终促成计算机的发明。

希尔伯特的第二问题的思想，即数学真理不存在矛盾，任何真理都可以描述为数学定理。他认为可以运用公理化的方法统一整个数学，并运用严格的数学推理证明数学自身的正确性。

捷克数学家库尔特·哥德尔致力于攻克第二问题，他很快发现，希尔伯特第二问题的断言是错的，其根本问题是它的自指性。他通过后来被称为"哥德尔句子"的悖论句，证明了任何足够强大的数学公理系统都存在瑕疵，一致性和完备性不能同时具备，这便是著名的哥德尔定理。

2. 计算机的产生

法国人帕斯卡于17世纪制造出一种机械式加法机，它是世界上第一台机械式计算机。

克劳德·艾尔伍德·香农是美国数学家、信息论的创始人，他于1938年首次阐明了布尔代数在开关电路上的作用。信息论的出现，对现代通信技术和电子计算机的设计产生了巨大的影响。如果没有信息论，现代的电子计算机是不可能研制成功的。

1946年2月15日，世界上第一台通用电子数字计算机"埃尼阿克"研制成功。"埃尼阿克"的研制成功，是计算机发展史上的一座里程碑，是人类在发展计算技术历程中的一个新的起点。

（二）形成期

人工智能的基础技术的研究和形成时期是指1956—1970年期间。1956年纽厄尔和西蒙等首先合作研制成功"逻辑理论机"。该系统是第一个出现符号而不是处理数字的计算机程序，是机器证明数学定理的最早尝试。

1956年，一项重大的开创性工作是塞缪尔研制成功"跳棋程序"。该程序具有自改善、自适应、积累经验和学习等能力，这是模拟人类学习和智能的一次突破。该程序于1959年击败了它的设计者，1963年又击败了美国一个州的跳棋冠军。

1960年，纽厄尔和西蒙又研制成功"通用问题求解程序系统"，用来解决不定积分、三角函数、代数方程等多种性质不同的问题。

1960年，麦卡锡提出并研制成功"表处理语言LISP"，它不仅能处理数据，而且可以更方便地处理符号，适用于符号微积分计算、数学定理证明、数理逻辑中的命题演算、博弈、图像识别以及人工智能研究的其他领域，从而武装了一代人工智能科学家，是人工智能程序设计语言的里程碑，至今仍然是研究人工智能的良好工具。

1965年，被誉为"专家系统和知识工程之父"的费根鲍姆和他的团队开始研究专家系统，并成功研究出第一个专家系统，用于质谱仪分析有机化合物的分子结构，为人工智能的应用研究做出了开创性贡献。

1969年召开了第一届国际人工智能联合会议，1970年《人工智能国际杂志》创刊，标志着人工智能作为一门独立学科登上了国际学术舞台，并对促进人工智能的研究和发展起到了积极作用。

（三）发展与实用期

人工智能发展和实用阶段是指 1971—1980 年期间。在这一阶段，多个专家系统被开发并投入使用，如化学、数学、医疗、地质等方面的专家系统。

1975 年，美国斯坦福大学开发了 MYCIN 系统，用于诊断细菌感染和推荐抗生素使用方案。MYCIN 是一种使用了人工智能的早期模拟决策系统，由研究人员耗时 5~6 年开发而成，是后来专家系统研究的基础。

1976 年，凯尼斯·阿佩尔和沃夫冈·哈肯等人利用人工和计算机混合的方式证明了一个著名的数学猜想：四色猜想（现在称为四色定理）。即对于任意的地图，最少仅用 4 种颜色就可以使该地图着色，并使得任意两个相邻国家的颜色不会重复；然而证明起来却异常烦琐。配合着计算机超强的穷举和计算能力，阿佩尔等人证明了这个猜想。

1977 年，第五届国际人工智能联合会会议上，费根鲍姆教授系统地阐述了专家系统的思想，并提出了"知识工程"的概念。

（四）知识工程与机器学习期

知识工程与机器学习发展阶段指 1981—1990 年初这段时期。知识工程的提出，专家系统的初步成功，确定了知识在人工智能中的重要地位。知识工程不仅对专家系统发展影响很大，而且对信息处理的所有领域都将有很大的影响。知识工程的方法很快渗透到人工智能的各个领域，促进了人工智能从实验室研究走向实际应用。

学习是系统在不断重复的工作中对本身的增强或者改进，使得系统在下一次执行同样任务或类似任务时，比现在做得更好或效率更高。

从 20 世纪 80 年代后期开始，机器学习的研究发展到了一个新阶段。在这个阶段，联结学习取得很大成功；符号学习已有很多算法不断成熟，新方法不断出现，应用扩大，成绩斐然；有些神经网络模型能在计算机硬件上实现，使神经网络有了很大发展。

（五）智能综合集成期

智能综合集成阶段指 20 世纪 90 年代至今，这个阶段主要研究模拟智能。

第六代电子计算机将被认为是模仿人的大脑判断能力和适应能力，并具有可并行处理多种数据功能的神经网络计算机。与以逻辑处理为主的第五代计算机不同，它本身可以判断对象的性质与状态，并能采取相应的行动，而且它可同时并行处理实时变化的大量数据，并引出结论。以往的信息处理系统只能处理条理清晰、经络分明的数据，而人的大脑却具有能处理支离破碎、含糊不清的信息的灵活性，第六代电子计算机将具有类似人脑的智慧和灵活性。

21 世纪初至今，深度学习带来人工智能的春天，随着深度学习技术的成熟，人工智能正在逐步从尖端技术慢慢变得普及。

第二节　人工智能的学派与学科体系

一、人工智能的学派

人工智能是用计算机模拟人脑的学科，因此，模拟人脑成为它的主要研究内容。但由于人类对人脑的了解太少了，对人脑的研究也极为学复杂，目前人工智能学者对它的研究是通过模拟方法按三个不同角度与层次对其进行探究，从而形成三种学派：①从人脑内部生物结构角度的研究所形成的学派，称为结构主义或连接主义学派，其典型的研究代表是人工神经网络；②从人脑思维活动形式表示角度的研究所形成的学派，称为功能主义或符号主义学派，其典型的研究代表是形式逻辑推理；③从人脑活动所产生的外部行为角度的研究所形成的学派，称为行为主义或进化主义学派，其典型的研究代表是 Agent。

（一）连接主义

连接主义又称仿生学派或生理学派，其主要思想是从人脑神经生理学结构角度研究探索人类智能活动规律。从神经生理学的观点看，人类智能活动都来自大脑，而大脑的基本结构单元是神经元，整个大脑智能活动是相互连接的神经元间的竞争与协调的结果，它们组织成一个网络，称为神经网络。连接主义学派认为，研究人工智能的最佳方法是模仿神经网络的原理构造一个模型，称为人工神经网络模型，以此模型为基点开展对人工智能的研究。

有关连接主义学派的工作早在人工智能出现前的 20 世纪 40 年代的仿生学理论中就有很多研究，并基于神经网络构造出世界上首个人工神经网络模型——MP 模型，自此以后，对此方面的研究成果不断出现，直至 20 世纪 70 年代。但在此阶段由于受模型结构及计算机模拟技术等多种方面的限制而进展不大。直到 20 世纪 80 年代 Hopfield 模型的出现以及相继的反向传播 BP 模型的出现，人工神经网络的研究又开始走上发展道路。

2012 年对连接主义学派而言是一个具有划时代意义的一年，具有多层结构模型——卷积神经网络模型与当时正兴起的大数据技术，再加上飞速发展的计算机新技术三者的有机结合，使它成为人工智能第三次高潮的主要技术手段。

连接主义学派的主要研究特点是将人工神经网络与数据相结合，实现对数据的归纳学习从而达到发现知识的目的。

（二）符号主义

符号主义又称逻辑主义、心理学派或计算机学派，其主要思想是从人脑思维活动形式化表示角度研究探索人的思维活动规律。它是亚里士多德所研究形式逻辑以及其后所出现的数理逻辑，又称符号逻辑。而应用这种符号逻辑的方法研究人脑功能的学派就称符号主义学派。

在 20 世纪 40 年代中后期出现了数字电子计算机，这种机器结构的理论基础也是符号逻辑，因此从人工智能观点看，人脑思维功能与计算机工作结构方式具有相同的理论基础，即都是符号逻辑。故而，符号主义学派在人工智能诞生初期就被广泛应用。推而广之，凡是用抽象化、符号化形式研究人工智能的都称为符号主义学派。

总体来看，所谓符号主义学派即是以符号化形式为特征的研究方法，它在知识表示中的谓词逻辑表示、产生式表示、知识图谱表示中，以及基于这些知识表示的演绎性推理中都起到了关键性指导作用。

（三）行为主义

行为主义又称进化主义或控制论学派，其主要思想是从人脑智能活动所产生的外部表现行为角度研究探索人类智能活动规律。这种行为的特色可用感知—动作模型表示。这是一种控制论的思想为基础的学派。有关行为主义学派的研究工作早在人工智能出现前的 20 世纪 40 年代的控制理论及信息论中就有很多研究，在人工智能出现后得到很大的发展，其近代的基础理论思想有知识获取中的搜索技术以及 Agent 为代表的"智能代理"方法等，而其应用的典型即是机器人，特别是具有智能功能的智能机器人。在近期人工智能发展新的高潮中，机器人与机器学习、知识推理相结合，所组成的系统成为人工智能新的标志。

二、人工智能的学科体系

从人工智能发展的历史中可以看出，这门学科的发展并不顺利，在其发展的过程中，经历了三次波折与重大打击，到了 2016 年才真正迎来了稳定的发展，因此，对人工智能学科体系的研究也是断断续续、起起伏伏，直到今日还处于不断探讨与完善之中。就人工智能目前研究现状而言，其整个体系可分为框架与内容，下面分别介绍。

（一）人工智能学科体系框架

第一，人工智能理论基础。任何一门正规的学科，必须有一套完整的理论体系做支撑，人工智能学科也是如此。到目前为止，人工智能学科初步形成一个相对完整的理论体系，为整个学科研究奠定基础。人工智能基础理论主要研究的是用"模拟"人类智能的方法所建立的一般性理论。

第二，人工智能应用技术。人工智能是一门应用性学科，在其基础理论支持下与各应用领域相结合进行研究，产生多个应用领域的技术，它们是人工智能学科的下属分支学科。目前这种与应用领域相关的分支学科随着人工智能发展而不断增加。人工智能应用性技术研究的是用"模拟"人类智能的方法与各应用领域相融合所建立的理论。

第三，人工智能的计算机应用开发。人工智能是一门用计算机模拟人脑的学科，因此，在人工智能技术的下层应用领域中，最终均须用计算机技术实施应用开发，用一个具有智能能力的计算机系统以模拟应用领域中的一定智能活动作为其最后目标。"大数据与人工智能都是现代信息技术的主要分支，已被广泛应用到人们的生产生活当中，尤其是在工业生产领域，基于大数据和人工智能的生产技术优化与生产模式完善都十分常见。"[①]人工智能的计算机应用开发研究的是智能模型的计算机开发实现。

人工智能学科体系的这三个部分是按层次相互依赖的。其中，基础理论是整个体系的底层，而应用技术则是以基础理论做支撑建立在各应用领域上的技术体系。以上面两层技术与理论为基础用现代计算机技术为手段构建起一个能模拟应用中智能活动的计算机系统作为其最终目标。

（二）人工智能基础理论

人工智能的基础理论分两个层次。第一层次：人工智能的基本概念、研究对象、研究方法及学科体系。第二层次：基于知识的研究，它是基础理论中的主要内容，包括五方面的内容。

第一，知识与知识表示。人工智能研究的基本对象是知识，它所研究的内容是以知识为核心的，包括知识表示、知识组织管理、知识获取等。在人工智能中知识因不同应用环境可有不同表示形式，目前常用的就有 10 余种，其中最常见的有：谓词逻辑表示、状态

---

① 利锐欢，谢玉祺. 基于大数据的安全生产人工智能应用分析［J］. 科技资讯，2022，20（14）：76-78.

空间表示、产生式表示、语义网络表示、框架表示、黑板表示以及本体与知识图谱表示等多种表示方法。

第二，知识组织管理。知识组织管理就是知识库，它是存储知识的实体，且具有知识增、删、改及知识查询、知识获取（如推理）等管理功能，此外还具有知识控制，包括知识完整性、安全性及故障恢复功能等管理能力。知识库按知识表示的不同形式管理，即一个知识库中所管理的知识其知识表示的形式只有一种。

第三，知识推理。人工智能研究的核心内容之一是知识推理。此中的推理指的是由一般性的知识通过它而获得个别知识的过程，这种推理称为演绎性推理。这是符号主义学派所研究的主要内容。知识推理有多种不同方法，它可因不同的知识表示而有所不同，常用的有基于状态空间的搜索策略方法、基于谓词逻辑的推理方法等。

第四，知识发现。人工智能研究的另一个核心内容是知识归纳，又称知识发现或归纳性推理。此中的归纳指的是由多个个别知识通过它而获得一般性知识的过程，这种推理称为归纳性推理。这是连接主义学派所研究的主要内容。知识归纳有多种不同方法，常用的有人工神经网络方法、决策树方法、关联规则方法以及聚类分析方法等。

第五，智能活动。

上面五个内容表示了智能的内在活动，但是在整个智能活动中，还需要与外部环境交互。它即是外部的智能活动过程。这是行为主义学派所研究的主要内容。一个智能体的活动必定受环境中的感知器的触发而启动智能活动，活动产生的结果通过执行器对环境产生影响。

（三）人工智能应用技术研究

在人工智能学科中，有很多以应用领域为背景的学科分支，对它们的研究是以基础理论为手段，以领域知识为对象，通过这两者的融合最终达到模拟该领域应用为目标。目前这种学科分支的内容有很多个，并且还在不断的发展中，下面列举较为热门的应用领域分支。

第一，机器博弈。机器博弈分人机博弈、机机博弈以及单体、双体、多体等多种形式。其内容包含传统的博弈内容，如棋类博弈，从原始的五子棋、跳棋到中国象棋、国际象棋及围棋等；如球类博弈，从排球、篮球到足球等；还包括现代的多种博弈性游戏以及带博弈性的彩票、炒股、炒汇等带有风险性的博弈活动。机器博弈是智能性极高的活动，一般认为，机器博弈的水平高低是人工智能水平的主要标志，对它的研究能带动与影响人工智能多个领域的发展。因此，目前国际上各大知名公司都致力于机器博弈的研究与开发。

第二，声音、文字、图像识别。人类通过五官及其他感觉器官接受与识别外界多种信息，如听觉、视觉、嗅觉、触觉、味觉等，其中听觉与视觉占到所有获取到的信息90%以上。具体表现为文字、声音、图形、图像以及人体、物体等识别。模式识别指的是利用计算机模拟对人的各种识别的能力，包括声音识别、文字识别以及图像识别等。

第三，知识工程与专家系统。知识工程与专家系统是用计算机系统模拟各类专家的智能活动，从而达到用计算机取代专家的目的。其中，知识工程是计算机模拟专家的应用性理论，专家系统则是在知识工程的理论指导下实现具有某些专家能力的计算机系统。

第四，智能机器人。智能机器人一般分为工业机器人与智能机器人，在人工智能中一般指的是智能机器人。这种机器人是一种类人的机器，它不一定具有人的外形，但一定具有人的基本功能，如人的感知功能、人脑的处理能力以及人的执行能力。这种机器人是由计算机在内的机电部件与设备组成的。

第五，智能决策支持系统。政府、单位和个人经常会碰到一些重大事件须做出的决断称为决策，如某公司对某项项目投资的决策；政府对某项军事行动的决策；个人对高考填报志愿的决策等。决策是一项高智能活动，智能决策支持系统是一个计算机系统，它能模拟与协助人类的决策过程，使决策更为科学、合理。

第六，计算机视觉。由于视觉是人类从整个外界获取信息最多的，所占比例高达80%以上，因此对人类视觉的研究特别重要，在人工智能中称为计算机视觉。计算机视觉研究的是用计算机模拟人类视觉功能，用以描述、存储、识别、处理人类所能见到的外部世界的人物与事物，包括静态的与动态的、二维的与三维的。最常见的有人脸识别、卫星图像分析与识别、医学图像分析与识别以及图像重建等内容。

（四）人工智能的应用及其开发

人工智能学科的最上层次即是它的各类应用以及应用的开发，这种应用很多，如蚂蚁金服人脸识别系统、百度自动驾驶汽车、科大讯飞翻译机、Siri智能查询系统、小度机器人、汉王笔以及方正扫描仪等都是人工智能应用，其中很多都已成为知名的智能产品。

1. 人工智能的应用模型

以人工智能基础理论及应用技术为手段，可以在众多领域生成很多应用模型，应用模型即是实现该应用的人工智能方法、技术及实现的结构、体系组成的总称。

例如，人脸识别的模型简单表示为以下内容：

（1）机器学习方法：用卷积神经网络方法，通过若干个层面分步实施的手段。

（2）图像转换装置：需要有一个图像转换装置将外部的人脸转换成数据。

（3）大数据方法：这种转换成数据的量值及性质均属大数据级别，必须按大数据技术手段处理。

将这三者通过一定的结构方式组合成一个抽象模型，根据此模型，这个人脸识别流程是：人脸经图像转换装置后成为计算机中的图像数据，接着按大数据技术手段对数据做处理，成为标准的样本数据。将它作为输入，进入卷积神经网络做训练，最终得到训练结果作为人脸识别的模型。

2. 人工智能应用模型的计算机开发

以应用模型为依据，用计算机系统开发，最终形成应用成果或产品。在这个阶段，重点在计算机技术的应用上着力，具体内容如下：

（1）依据计算机系统工程及软件工程对应用模型做系统分析与设计。

（2）依据设计结果，建立计算机系统的开发平台。

（3）依据设计结果，建立数据组织并完成数据体系开发。

（4）依据设计结果，建立知识体系并完成知识库开发。

（5）依据设计结果，建立模型算法并做系统编程以完成应用程序开发。

到此为止，一个初步的计算机智能系统就形成了。接着，还须继续按计算机系统工程及软件工程做后续工作。

（6）依据计算机系统工程及软件工程做系统测试。

（7）依据计算机系统工程及软件工程将测试后系统投入运行。

到此为止，一个具实用价值的计算机智能系统就开发完成了。

第三节　图像处理技术及其发展方向

人类是通过感觉器官从客观世界获取信息的，即通过耳、目、口、鼻、手的听、看、味、嗅和接触的方式获取信息，在这些信息中，视觉信息占70%。视觉信息的特点是信息量大，灵敏度高，传播速度快，作用距离远。人类视觉受到心理和生理作用影响，加上大脑的思维和联想，具有很强的判断能力，不仅可以辨别景物，还能辨别人的情绪。图像是人们从客观世界获取信息的重要来源，图像信息处理是人类视觉延续的重要手段。随着图像处理技术的发展，许多技术已日益趋于成熟，应用也越来越广泛。

一、图像处理的相关概念

（一）图像处理的概念

图像作为人类感知世界的视觉基础，是人类获取信息、表达信息和传递信息的重要手段。图像处理一般指数字图像处理，是利用计算机对图像进行增强、复原、编码等处理的方法和技术，有时也称为计算机图像处理。

图像处理技术可以帮助人们更客观、准确地认识世界。它的优点在于处理内容丰富，可进行复杂的非线性处理，有灵活的变通能力；而缺点则在于处理速度还有待提高，针对某些特定复杂的处理更是如此。图像处理的各个研究内容是互相联系的。一个实用的图像处理系统往往要结合应用多种图像处理技术才能得到所需要的结果。

（二）图像分析的概念

图像分析主要是对图像中感兴趣的目标进行检测和测量，以获得它们的客观信息，从而建立对图像的描述。图像分析的目的是从图像中抽取某些有用的度量、数据或信息，而不是产生另一幅图像。

图像分析的内容和模式识别、人工智能的研究领域有交叉，但图像分析与典型的模式识别还有区别。图像分析不限于把图像中的特定区域按固定数目的类别加以分类，它主要提供关于被分析图像的一种描述。为此，既要利用模式识别技术，又要利用关于图像内容的知识库，即人工智能中关于知识表达方面的内容。图像分析需要用图像分割方法抽取图像的特征，然后对图像进行符号化的描述。这种描述不仅能对图像中是否存在某一特定对象做出回答，还能对图像内容做出详细描述。

（三）计算机视觉的概念

计算机视觉是指利用摄影机和计算机模拟生物视觉。它的主要任务是代替人眼对目标进行识别、跟踪和测量，并进一步做图形处理，通过计算机处理获取更适合人眼观察或传送给仪器检测的图像。计算机视觉的主要研究内容包括：视觉和视知觉、图像采集、图像预处理、基元检测、目标分割、目标表达和描述、形状特性分析、立体视觉、三维景物恢复、运动分析、景物识别、广义匹配、场景解释等。

作为一门科学学科，计算机视觉研究相关的理论和技术，试图建立能够从图像或者多维数据中获取信息的人工智能系统。这里所指的信息指可以用来帮助做决策的信息。因为感知可以看作从感官信号中提取信息，所以，计算机视觉也可以看作研究如何使人工系统从图像或多维数据中感知的科学。

图像处理、图像分析和计算机视觉是彼此紧密关联并且有一定程度交叉的学科。这些学科的基础理论大致是相同的，但研究的侧重点和研究对象有所不同。从研究的侧重点角度而言，图像处理侧重信号处理方面的研究，比如图像对比度的调节、图像编码、去噪以及各种滤波的研究。图像分析的侧重点在于研究图像的内容，包括但不局限于使用图像处理的各种技术，它更倾向于对图像内容的分析、解释和识别。因而，图像分析和计算机科学领域中的模式识别、计算机视觉关系更密切一些。从研究对象角度而言，图像处理与图像分析的研究对象主要是二维图像，实现图像的转化，尤其针对像素级的操作，例如提高图像对比度、边缘提取、去噪声和几何变换（如图像旋转、图像缩放、图像平移）。这一特征表明无论是图像处理还是图像分析，其研究内容都和图像的具体内容无关。计算机视觉的研究对象主要是映射到单幅或多幅图像上的三维场景，例如三维场景的重建。计算机视觉的研究很大程度上针对图像的内容。

二、典型的计算处理

图像处理、图像分析、计算机视觉这个连续的统一体内并没有明确的界线。然而，在这个连续的统一体中，可以考虑用三种典型的计算处理（低级处理、中级处理和高级处理）来区分各个学科。

第一，低级处理。低级处理涉及初级操作，处理内容主要包括对图像进行各种加工，以改善图像的视觉效果或突出有用信息，并为自动识别打基础，或通过编码以减少对其所需存储空间、传输时间或传输带宽的要求。低级处理的实例有降低噪声的图像预处理、对比度增强和图像锐化等。可见，低级处理属于图像处理范畴，其特点是输入、输出均为图像，即实现图像之间的变换。

第二，中级处理。中级处理主要是对图像中感兴趣的目标进行检测（或将图像分割为不同区域或目标物）和测量，以获得它们的客观信息从而建立对图像的描述，以使其更适合计算机处理及对不同目标进行分类（识别）。可见，中级处理属于图像分析范畴，其特点是输入图像，但输出从这些图像中提取的特征（如边缘、轮廓及不同物体的标志等）数据。

第三，高级处理。高级处理是在中级处理的基础上，进一步研究图像中各目标的性质和它们之间的相互联系，并得出对图像分析中被识别物体的总体理解（对象识别）及对原来客观场景的解释（执行与计算机视觉相关的识别函数），从而指导和规划行动。可见，高级处理属于计算机视觉范畴，其特点是模拟人类视觉理解和推理，并根据视觉输入采取行动。

三、图像处理的过程

人类之所以能在自然界中长期生存，一个重要原因是拥有迅速认识并理解所处环境的能力，其中关键的环节就是利用人类自身的视觉系统。研究如何让计算机具有观察、识别、分析事物的能力是计算机视觉的研究领域，最终目的是期望计算机能够达到像人类视觉系统那样的能力，包括目标分类、目标识别、姿态估计、三维重建等。

尽管人类的视觉感知快速方便，但是利用计算机自动处理和分析图像信息，使它被人们所理解并不是一个简单的过程，这涉及一系列复杂的程序，需要各种图像处理技术来完成。"而针对图像的处理，计算机数字处理技术在不断发展的过程中也在不断优化对图像的处理，尤其是在当前各种图像处理软件的盛行情况下，计算机数字处理技术在图像处理中的应用具有一定的独特优势。"①

图像处理技术是指各种与图像相关的技术的总称，泛指对各种图像信息进行加工、分析、处理以达到预期目的的技术，如图像获取、图像存储、图像压缩、图像编码、图像传输、图像变换、图像增强、图像滤波、图像复原、图像分割、目标检测、图像识别等。一般来讲，对图像进行处理（或加工、分析）的主要目的有以下方面：

第一，图像增强和复原，改善图像的视觉效果和提高图像的质量在图像的采集、保存以及处理过程中，可能含有噪声，出现失真，这对图像的高质量处理存在消极的影响，因此，需要进行图像的亮度、彩色变换，增强、抑制某些成分，对图像进行几何变换等，以改善图像的质量。突出图像中人们感兴趣的区域，去除或减弱无用的信息和噪声，提高图像的清晰度等。如强化图像高频分量，可使图像中物体轮廓清晰、细节明显；如强化低频分量，可减少图像中的噪声影响。图像复原要求对图像降质的原因有一定的了解，一般应根据降质过程建立"降质模型"，再采用某种滤波方法，恢复或重建原来的图像。

第二，提取图像中包含的某些特征或特殊信息，为计算机分析图像提供便利。例如，提取特征或信息作为模式识别或计算机视觉的预处理，提取的特征包括很多方面，如频域特征、灰度或颜色特征、边界特征、区域特征、纹理特征、形状特征、拓扑特征和关系结构等。

第三，图像数据的变换、编码和压缩，便于图像的存储和传输。图像变换可以直接在空间域中进行，但是由于图像阵列大，计算量很大。因此，往往通过各种图像变换的方法，将空间域的处理转换为变换域处理，如傅里叶变换、沃尔什变换、离散余弦变换、小波变换等，以减少计算量，或者获得在空间域中很难甚至是无法获取的特性。图像编码压缩技术可减少图像数据量（比特数），节省图像传输、处理时间，减少所占用的存储器容量，压缩时以在不失真的前提下获得，也可以在允许的失真条件下进行。编码是压缩技术中最重要的方法，在图像处理技术中是发展最早且比较成熟的技术。

① 阎巍.计算机数字处理技术在图像处理中的应用 [J].数字技术与应用，2022，40（09）：99.

第四，图像分割。根据几何特性或图像灰度选定的特征，将图像中有意义的特征部分提取出来，包括图像中的边缘、区域等，这是进一步进行图像识别、分析和理解的基础。虽然已研究出不少边缘提取、区域分割的方法，但还没有一种普遍适用于各种图像的有效方法。因此，图像分割是图像处理中研究的热点之一。

第五，图像重建。通过物体外部测量的数据，经数字处理获得三维物体的形状信息的技术。图像重建的典型应用就是 CT 技术，它的主要算法有傅里叶反投影法、代数法、卷积反投影法和迭代法。近年来，三维重建算法发展很快，而且它与计算机图形学相结分，可以把多个二维图像合成三维图像，并加以光照和各种渲染技术，从而生成各种具有高品质和强烈真实感的图像。

第六，图像描述。图像描述是图像识别和理解的必要前提。作为最简单的二值图像可采用几何特性描述物体的特性，一般图像的描述方法采用二维形状描述，它有边界描述和区域描述两类方法。对于特殊的纹理图像可采用二维纹理特征描述。随着图像处理研究的深入发展，已经开始进行三维物体描述的研究，出现了体积描述、表面描述、广义圆柱体描述等方法。

第七，图像分类、识别。图像分类、识别属于模式识别的范畴，主要内容是图像经过某些预处理（增强、复原、压缩）后，进行图像分割和特征提取，从而进行判决分类。图像分类常采用统计模式分类、句法（结构）模式分类和人工神经网络模式分类等方法。

四、图像处理技术的发展方向

随着微电子技术发展、计算机运算和处理速度的提升、各种快速算法的出现，数字图像处理技术的应用领域也越来越广泛，正在向现代文明的各个方向渗透，已经不单是航天探测等少数尖端领域，目前在理发发型预测、邮件自动分拣等各个方面都有涉及。高速度、高分辨率、多媒体、智能化、标准化将是数字处理技术以后的发展方向。数字图像处理技术的发展方向可以表现在以下方面：

第一，图像处理领域的标准化。目前，市场上关于数字图像处理的软件和硬件种类繁多，没有一个统一的标准，不便于用户之间的交流与使用。针对这种情况，应建立图像信息库，制定一个统一的标准，使存放格式、检索方法一致化，子程序标准化，将推动数字处理技术的发展。

第二，新理论与新算法得以发展。近年来，数字图像处理领域在理论上也有了更新的发展，新的理论和新的算法不断涌现。数字图像处理技术的各种新算法与软件的结合将是今后研究的主要方向。

第三，图像处理的硬件技术得到提高。图像处理技术方面一个新的趋势是更加重视图像处理的专门硬件芯片的研究，在提高软件水平的同时，提高硬件水平，利用硬件技术尽可能实现数字图像处理的各项功能。从 20 世纪 80 年代后期开始，图像处理的硬件技术也得到了迅速发展，这时不仅能处理二维图像，而且开始进行三维图像的处理。目前，一些图像处理硬件采用流水线结构，可以将 JPEG 集成到一个芯片上。近年来蓬勃发展的医学图像处理、多媒体信息处理技术、图像融合技术、虚拟现实技术等，图像在其中均占据了主要地位，文本、图形、动画、视频都要借助图像处理技术才能充分发挥它们的作用。

第四，图像处理与通信技术将紧密结合。数字图像处理技术另一个新的发展方向是图像与通信技术的紧密结合。从传真通信开始，到目前正开始进入应用的可视电话，图像处理与通信技术的结合已经历了 100 多年的历程。会议电视、电视电话、图文电视、可视图文、传真等图像通信方式已应用到各行各业。20 世纪 90 年代初，以活动图像编码国际标准以及随后一系列图像编码、图像通信的国际标准先后获得通过为标志，解决了可视技术在通信中的应用这一长期困扰人们的问题，图像通信开始进入一个高速发展的新阶段。

第五，图像处理精度与速度将不断提高。数字图像处理技术在发展与完善的同时应进一步提高精度，着重解决图像处理速度等核心问题，将图像、图形技术相结合，朝着三维成像或多维成像的方向发展。例如，在多光谱卫星图像分析、天文、太空星体的探测及分析等方面，减少计算的数据量，提高运行速度，是推动技术进步的关键。

第六，应用领域不断开拓。数字图像处理技术自从被引入应用以来，就一直为人类的航空航天及军事等尖端领域不断做出新的贡献，与此同时，欧、美、日等国家的科技人员又将图像处理技术从空间技术推广到了生物学、医学、光学、陆地探测卫星、多波段遥感图像分析、人工智能、粒子物理、地质勘探、工业检测及印刷等多种应用领域。

特别是进入 21 世纪以来，关于图像处理方面的研究论著，无论在质量上还是数量上都在迅速攀升，技术上的突破不断促进数字图像处理技术向深度和广度发展，如图像水印、图像检索等各种新的应用方向不断出现。数字图像处理理论和技术经过了近 50 年的发展，已经迅速发展成一门独立的具有强大生命力的学科，并已渗透到了科学研究的各个领域、工业生产的众多行业、人类生活的各个方面。随着数字处理技术应用涉及领域的各种实际需求的不断增加，无论是在理论上还是实践上，都具备很大的发展空间，不难预料，数字图像处理技术必将更加迅速地向广度和深度发展。

综上所述，数字图像处理是一门综合性边缘学科，汇聚了光学、电子学、数学及计算机技术等众多方面的学科知识，得到了人工智能、神经网络、遗传算法及模糊逻辑等新理论、新工具和新技术的支持，因而在近年得到了快速发展。

第四节 智能图像的基准与应用领域

一、智能图像基准数据集

在图像处理及其应用领域中大部分都需要用到物体的识别、检测和分类功能，目前国内外研究人员提出了很多智能图像检测、识别算法，那么应该怎样评价这些算法的有效性，从而给业界提供更好的解决方案呢？每一个算法的设计者都会运用自己收集到的场景图片对算法进行训练和检测，这个过程就逐渐形成了数据集。

（一）综合数据集

第一，Caltech。Caltech 是加州理工学院的图像数据库，包含 Caltech101 和 Caltech256 两个数据集。"Caltech101 包含 101 种类别的物体，每种类别为 40~800 个图像，大部分类别约有 50 个图像。Caltech256 包含 256 种类别的物体，约 30 607 张图像。"①

第二，Corel5k。Corel5k 数据集是科雷尔公司收集整理的 5000 幅图片，可以用于图像分类、检索等实验。它是图像实验的事实标准数据集，被广泛应用于标注算法性能的比较，包含 50 个语义主题，如有公共汽车、海滩等。每个语义主题包含 100 张大小相等的图像。Corel5k 图像库通常被分成 3 个部分：4000 张图像作为训练集；500 张图像作为验证集用来估计模型参数；其余 500 张作为测试集评价算法性能。

（二）人脸数据集

第一，AFLW。AFLW 人脸数据库是一个包含多姿态、多视角的大规模人脸数据库，而且每张人脸都被标注了 21 个特征点。这个数据库信息量非常大，包含了各种姿态、表情、光照、种族等因素影响的图片。AFLW 人脸数据库大约包括 25 000 万已手工标注的人脸图片，大部分图片为彩色，少部分是灰色图片。这个数据库非常适合用于人脸识别、人脸检测、人脸对齐等方面的研究，具有很高的研究价值。

第二，FDDB。FDDB 数据集主要用于约束人脸检测研究，选取野外环境中拍摄的 2845 个图像、5171 张人脸作为测试集，是一个广泛使用的权威的人脸检测平台。

第三，MegaFace。"MegaFace 是由美国华盛顿大学计算机科学与工程实验室于 2015 年

---

① 杨露菁，吉文阳，郝卓楠，等. 智能图像处理及应用［M］. 北京：中国铁道出版社，2019：9.

发布的公开人脸数据集，数据集中包含 690 572 个人，超过百万张图像，这是第一个百万规模级别的面部识别算法测试基准。"[1] 为了比较现有公开的脸部识别算法的准确度，华盛顿大学开展了一个名为 "MegaFace Challenge" 的公开竞赛，这个项目旨在研究当数据库规模提升数个量级时，现有的脸部识别系统能否维持可靠的准确率。MegaFace 成为目前世界范围内最为权威热门的评价人脸识别性能的指标。

二、智能图像处理的应用领域

人工智能堪比当年的工业革命或者电力革命，它与实体经济的深度融合对相关行业都产生了巨大影响。在人工智能信息化时代，图像处理技术特别是图像识别技术和视频图像处理分析技术作为核心技术已深入各个行业，并对人类生产和生活方式产生颠覆性改变。基于人工智能的图像处理技术是立体视觉、运动分析、数据融合等实用技术的基础，在诸多领域都具有重要的应用价值。

（一）医疗领域的应用

图像处理技术的发展很大程度上来自医疗图像处理的需求。随着医学影像设备的逐渐成熟和计算机科学技术的不断进步，各种医学图像层出不穷，并得到快速的发展。通过对医学图像的特征进行提取，借助计算机对医学疾病进行智能诊断分析代替繁杂的人力诊断，是计算机辅助诊断的主要研究方向，也是未来的医学领域愿景。医学影像广泛应用于疾病诊断，以及各种医学治疗的规划设计、方案执行等领域。

在医学应用中，计算机图像分析已经逐步融入医疗诊断过程中。临床自动检验和分析、心电和脑电信号提取分析、医学影像处理和分析、自动治疗计划和辅助诊疗等方面，已经取得了成效，例如，CT 成像（主要用于可视化人体结构与身体细节图像）、癌细胞、染色体检查、B 超等。通过一组切片对人体器官进行重构，可以为医疗诊断和病理分析提供重要和直观的帮助。在埃博拉疫情中，美国启用新型机器人，通过目标识别及避障完成了对整个房间的消毒。

近年来，图像识别、深度学习、神经网络等关键技术的突破带动了人工智能新一轮的发展，渐趋成熟的人工智能技术正逐步向 "AI+" 转变，人工智能的下一个风口很可能是医疗，因为医疗作为人们生活的重要部分，自然而然会成为新的关注点。"人工智能被认为是 21 世纪三大尖端技术之一，现已被广泛应用于医疗健康等领域，其中人工智能辅助

① 杨露菁，吉文阳，郝卓楠，等. 智能图像处理及应用 [M]. 北京：中国铁道出版社，2019：11.

诊疗、医学影像诊断、医疗机器人和药物挖掘是人工智能在医疗健康领域中研究较为广泛的项目。"① 就目前全球创业公司实践的情况来看,"AI+医疗"的具体应用在以下方面:

1. 辅助诊疗

让计算机学习医学专家的医疗知识,模拟医生的思维和诊断推理,从而给出可靠的诊断和治疗方案。应用于早期筛查、诊断、康复、手术风险评估场景,提供临床诊断辅助系统等医疗服务,这是医疗领域最重要、最核心的场景。

2. 医学影像

将人工智能技术应用于医学影像的诊断,帮助医生更快、更准地读取病人的影像数据。高精准率电子胶片的推广、放射科经验丰富医师的缺乏,使得人工智能技术在医学影像方面有着巨大的发展空间。医学影像的解读需要长时间的经验积累,即使是老到的医生,有时在面对海量数据时,也会判断失误。

人工智能在图像识别的速度和精度上,都胜于人力操作。因此,"AI+"医学影像识别将非常具有潜力,它主要分为两部分:①图像识别,应用于人工智能的感知环节,其主要目的是对医学影像这类非结构化数据进行分析,获取一些有意义的信息;②深度学习,应用于人工智能学习和分析环节,通过大量的影像数据和诊断数据,不断对神经网络进行深度学习训练,促使其掌握诊断的能力。

随着当代医学影像技术的不断进步,在现代医学病理分析及疾病治疗过程中,医学图像分析扮演着越来越重要的角色。

3. 药物研发

将人工智能深度学习技术应用于药物临床前研究,快速、准确地挖掘和筛选合适的化合物或生物,缩短新药研发周期,降低新药研发成本,提高新药研发成功率。利用人工智能技术对药物活性、安全性和副作用进行预测。

4. 健康管理

健康管理服务主要集中在风险识别、虚拟护士、精神健康、在线问诊、健康干预以及基于精准医学的健康管理。其中,风险识别就是通过包括可穿戴设备在内的手段,监测用户个人健康数据,预测和管控疾病风险;虚拟护士就是运用 AI 技术,以"护士"身份了解病人饮食习惯、锻炼周期、服药习惯等个人生活习惯,进行数据分析并评估病人整体状态,协助规划日常生活;精神健康管理运用 AI 技术从语言、表情、声音等数据切入,对

① 刘军,韩燕鸿,潘建科,等. 人工智能在中医骨伤科领域应用的现状与前景 [J]. 中华中医药杂志, 2019, 34 (08):3608.

个体进行情感识别；健康干预运用 AI 对用户体征数据进行分析，制订健康管理计划。

（二）机器视觉的应用

视觉在人类日常生活中扮演着非常重要的角色。尤其是随着信息技术的快速发展，图像以其直观、具体、高效的特点成为获取外界信息的重要方法。人类的视觉感知是人类与外界接触的一个非常重要的活动，也是一个复杂过程。机器视觉就是使用机器代替人的视觉感知，通过由机器获取外部世界的视觉信息，完成机器对客观世界的认知（目标识别、场景分类、目标跟踪等）。

1. 智能机器人

机器视觉作为智能机器人的重要感觉器官，其应用领域十分广泛，如用于军事侦察、危险环境的自主机器人，邮政、医院和家庭服务的智能机器人。此外，机器视觉还可用于工业生产中的工件识别和定位、太空机器人的自动操作等。机器人视觉的主要功能为识别物体信息，将识别的结果作为下一步动作的信息指南，如定位、抓取和导航避障等。

近年来，机器人领域一些先进技术的发展已经对许多工业生产和社会发展做出了巨大的贡献。在高科技生活需求的推动下，促进了高新技术的发展。作为一种先进的智能系统，移动机器人已经被应用到更多实际生活领域中，如用于家庭清洁的扫地机器人、可以跟随顾客移动的超市自动购物车、为老人和残障人服务的智能轮椅，以及军事上的无人机/无人艇等。如今，机器人系统及机器人技术正从传统的工业制造向医疗服务、教育娱乐、勘探勘测、生物工程、救灾救援、军事等领域迅速扩展。在这些应用中，移动机器人的自主性是一个关键问题，一个完全自主的移动机器人必须具备对环境信息的认知能力以及遇到障碍物时的避障能力，而机器人的一种非常重要的感知能力就是视觉感知，必然会涉及对于运动目标的图像检测与跟踪。

移动机器人运动目标检测和跟踪融合了人工智能、数字图像处理、模式识别、自动化以及计算机等领域的众多技术，其实现过程是首先利用传感器对环境内的运动目标进行实时观测，并在此基础上对被观测对象进行分类，然后在被观测场景中，将实时检测到的运动目标提取出来，最后对目标进行实时跟踪，并根据实际应用需求调整跟踪模式，使得跟踪更加准确。因此，智能图像处理是智能机器人的最前端处理，是机器人所有功能实现的前提和基础。

2. 无人驾驶

无人驾驶是机器视觉的另一个重要应用领域，目前，无人驾驶的智能汽车以其广阔的应用前景和巨大的市场价值，吸引着各大科技公司投入大量资源进行研究。无人驾驶技术中很重要的部分就是利用场景图像分类系统，让智能汽车可以自动完成场景判断进而做出相应的操作。

（三）智能交通的应用

自 20 世纪 80 年代以来，随着科学技术的不断突破，世界经济迎来了新一轮的飞速发展，各个国家道路交通网也逐步建成，城市化进程出现高峰。此外，汽车和其他机动车的普及，在方便人们日常出行的同时，交通压力也随之加大，由此引发了如道路车辆拥挤、交通事故频发、交通成本剧增等一系列较为严重的社会问题。面对这些问题，在有限的土地和资金以及环境条件下，依靠传统的道路修建方式建设更多的基础交通设施将受到限制。因此，从整个交通系统建设观点出发，将道路和车辆进行综合考虑，充分运用如模式识别、电子信息技术等各类前沿信息技术，从系统层级上解决这一系列难题的思想应运而生，于是出现了智能交通系统。

1. 智能交通系统

智能交通系统是一个将电子传感技术、数据通信技术、模式识别、计算机技术、控制技术和信息工程技术等融为一体的综合性信息系统，是在当前较完善的道路设施基础上建立起来的现代化道路交通综合管理系统。目前智能交通系统已在世界范围内大规模实现，ITS 是现代交通管理的有效手段，能够有效缓解道路压力，监控道路状况，同时能减少道路事故的发生，为出行者提供舒适的交通环境。

智能交通系统的工作原理为：路面情况、行驶车辆信息、行人信息由交通监控系统的视频设备通过监控网络集中传输至交管中心部门进行统一处理，经过处理的信息再由电子系统传输至用户终端设备中。用户利用终端设备中所呈现的信息可以知晓当前各路段的路面情况，避免选择拥堵路段，从而提高行车的效率，也降低了潜在交通事故出现的概率。

交通系统对路况信息采集的手段是多样的，如红外检测、超声波检测、感应线圈检测及视频检测等，相对于其他检测方式，视频检测方法效率更高：①它可以更加直观、清晰的形式显示出当前的路况信息，为处理交通事故和违章车辆提供直观的证据说明；②视频拍照技术已发展较为成熟；③交通管理部门只须在所需路段地点设置视频设备，避免了因安装复杂检测设备而必须封闭路段进行道路施工而带来的交通不畅。

由于视频检测技术拥有其他方式无法达到的优点，因此，作为智能交通系统的核心子系统，交通视频监测已成为大多数的交通道路信息获取手段。目前，我国各大城市的交通管理部门已在大部分的交通要道安装相应的视频监测设备，通过监测系统对车辆违章情况进行抓拍，同时对路况进行实时监控。交通视频监测系统能收集到来自车型分类、车速、违章、路况及天气等方面的实时信息，通过这些信息，有效控制其他各子系统的运行。在道路交通中不仅需要视频监控，而且还需要大量的识别监视跟踪系统。例如，对道路上异常车辆的检测、车辆异常车牌号码的识别，对交通事故过程的保存与事故后的处理等都具有十分重要的作用。

智能交通系统的研究从 20 世纪 60 年代开始，经过几十年的发展，取得了很多成果。随着人工智能的兴起以及计算机科学等相关领域的发展，智能交通技术已经日趋完善。这些技术的运用为智能交通提供了保障。基于计算机视觉的机动车辅助系统是智能交通系统的重要研究方向之一，它是通过安装摄像头获取视频，利用智能图像处理技术进行车辆检测、道路识别、交通标志识别等方面的研究。

2. 车辆检测

智能交通的一个关键环节是车辆检测问题。通过车辆检测系统能够检测车辆，测量流量参数如数量、速度、事件等，使驾驶员及时获取路面的交通信息，及时调整交通路线；也可以通过车辆检测来规划交通、优化道路监控管理。

车辆检测研究可以追溯到 20 世纪 70 年代。传统的车辆检测器如磁感应线圈有着很多的缺点和局限性，针对这种情况，研究者们不断提出了新的车辆检测方案。近年来，随着计算机视觉、人工智能和图像处理等学科的不断发展，利用机器视觉（计算机视觉）进行车辆检测已经成为一种性价比很高的替代方法，是现代智能交通系统的重要组成部分。

基于图像视频的方法是通过安装摄像头获取视频，然后对视频帧进行分析检测，这种方式不仅可以检测车辆，还可以检测行人、路标等其他目标。通过在计算机上安装分析软件，将摄像头获取的图像送入软件内检测，检测到车辆之后，还可以对车辆进行视频跟踪，及时获取车辆的实时动态。这种方式已经成为未来车辆检测的一个主要方向，目前车辆检测技术已广泛应用于交通流量控制、交通路口监测以及辅助驾驶技术中。但是，目前的检测率以及稳定性还有待提升，尤其是对车辆检测有着实时性要求的应用场景。

深度学习的提出使车辆检测技术日趋成熟。在无人车项目以及带高级辅助驾驶功能的汽车上都有车辆检测功能。因为图像包含的信息比较丰富，不仅是静态信息，同时包括运动信息，只要有足够好的算法，实现车辆检测是不成问题的。此外，摄像头的价格相对低廉，视频分析的实时性也很好，因而用视频来检测车辆的研究比其他两种方法都要多。目前大部分基于视觉的车辆检测主要还是靠单目摄像头，而随着计算机性能的提高、各种高性能芯片的出现，基于双目摄像头的检测算法也不断被提出。

3. 交通标志识别

由于交通标志是重要的道路安全附属设施，其所传达的信息对于规范交通行为、指示道路状况、引导行人和安全驾驶等方面具有重要的意义。因此，进行交通标志识别的研究十分有必要。

交通标志作为道路设施的重要组成部分和道路交通信息的重要载体，包含道路、车辆和路况等许多关键的交通信息，如注意行人、限速提示、前方道路状况变化等。在日常的驾驶环境中，它可以为驾驶员提供路况信息，而在困难和危险的驾驶环境中，它可以及时为驾驶员提供安全警告，以督促驾驶员谨慎驾驶等。在无人驾驶汽车项目中，交通标志识别系统通过实时识别行驶道路上的交通标志，及时为车辆提供道路信息，有助于无人驾驶车辆选择正确的道路行驶等。随着科学技术的不断发展，未来生产的汽车会越来越趋于智能化，交通标志识别系统必定会作为控制系统的重要组成部分应用于汽车的自动驾驶中。

4. 智能车牌识别

随着社会经济的发展、汽车数量急剧增加，对交通控制、安全管理、收费管理的要求也日益提高，运用电子信息技术实现安全、高效的智能交通成为交通管理的主要发展方向。汽车车牌号码是车辆的唯一"身份"标志，智能车牌识别系统可以在汽车不做任何改动的情况下实现汽车"身份"的自动登记及验证，在交通管理方面发挥了重要的作用，已应用于公路收费、停车管理、交通诱导、交通执法、公路稽查、车辆调度、车辆检测等各种场合，在交通违法抓拍、治安卡口车辆抓拍、停车场智能管理和道路交通超速车辆管理等方面取得了较好的应用效果，对实现交通运输智能化管理提供了巨大的帮助，也是实现现代化的交通智能管理的关键技术保证。

智能车牌识别系统是采用车牌识别技术作为基础，应用于停车场、高速路口、收费通道等场所的车辆管理系统。车牌识别技术是指能够检测到受监控路面的车辆并自动提取车辆车牌信息（含汉字字符、英文字母、阿拉伯数字及号牌颜色）进行处理的技术。车牌识别是现代智能交通系统中的重要组成部分之一，应用十分广泛。它以数字图像处理、模式识别、计算机视觉等技术为基础，对摄像机所拍摄的车辆图像或者视频序列进行分析，得到每一辆汽车唯一的车牌号码，从而完成识别过程。通过一些后续处理手段可以实现停车场收费管理、交通流量控制指标测量、车辆定位、汽车防盗、高速公路超速自动化监管、闯红灯电子警察、公路收费站等功能，对于维护交通安全和城市治安、防止交通堵塞、实现交通自动化管理有着现实的意义。以下列举智能车牌识别系统的常用应用方式：

（1）监测报警。对于纳入"黑名单"的车辆，例如，被通缉或挂失的车辆、欠交费车辆、未年检车辆、肇事逃逸及违章车辆等，只须将其车牌号码输入应用系统中，智能车牌识别设备安装于指定的路口、卡口或由执法人员随时携带按需要放置，系统将识读所有通过车辆的车牌号码并与系统中的"黑名单"比对，一旦发现指定车辆立刻发出报警信息。系统可以全天不间断工作、不会疲劳、错误率极低；可以适应高速行驶的车辆；可以在车辆行驶过程中完成任务而不影响正常交通；整个监视过程中司机也不会觉察、保密性强。应用这种系统将极大地提高执法效率。

（2）超速违章处罚。车牌识别技术结合测速设备可以用于车辆超速违章处罚，一般用于高速公路。具体应用是：在路上设置测速监测点，抓拍超速的车辆并识别车牌号码，将违章车辆的车牌号码及图片发往各出口；在各出口设置处罚点，用智能车牌识别设备识别通过车辆并将号码与已经收到的超速车辆的号码比对，一旦号码相同即启动警示设备通知执法人员处理。与传统的超速监测方式相比，这种应用可以节省警力，降低执法人员的工作强度，而且安全、高效、隐蔽，司机须时刻提醒自己不能超速，极大地减少了因超速引发的事故。

（3）车辆出入管理。将智能车牌识别设备安装于出入口，记录车辆的车牌号码、出入时间，并与自动门、栏杆机的控制设备结合，实现车辆的自动管理。应用于停车场可以实现自动计时收费，也可以自动计算可用车位数量并给出提示，实现停车收费自动管理，节省人力、提高效率。应用于智能小区可以自动判别驶入车辆是否属于本小区，对非内部车辆实现自动计时收费。在一些单位这种应用还可以同车辆调度系统相结合，自动地、客观地记录本单位车辆的出车情况。

（4）自动放行。将指定的车牌信息输入系统，系统自动地识读经过车辆的车牌并查询内部数据库。对于需要自动放行的车辆，系统驱动电子门或栏杆机让其通过；对于其他车辆，系统会给出警示，由值勤人员处理。可用于特殊单位（如军事管理区、保密单位、重点保护单位等）、路桥收费卡口、高级住宅区等。

（5）高速公路收费管理。在高速公路的各个出入口安装智能车牌识别设备，车辆驶入时识别车辆车牌，将入口资料存入收费系统，车辆到达出口时再次识别其车牌并根据车牌信息调用入口资料，结合出入口资料实现收费管理。这种应用可以实现自动计费并可防止作弊，避免了应收款的流失。

目前，高速公路已开始实施联网收费，随着联网范围的扩大，不同车型的收费差额也越来越高，司机利用现有收费系统的漏洞通过中途换卡进行逃费的问题将越来越突出，利用车牌识别技术是解决此类问题的根本方法。

（6）计算车辆行驶时间。在交通管理系统中可以将车辆在某条道路的平均行驶时间作为判断该道路拥堵状况的一个参数。安装智能车牌识别设备于道路的起止点，识读所有通过车辆并将车牌号码传回交通指挥中心，指挥中心的管理系统根据这些结果即可计算出车辆平均行驶时间。

（7）车牌号码自动登记。交通监管部门每天都要处理大量的违章车辆图片，一般由人工辨识车牌号码再输入管理系统，这种方式工作量大、容易疲劳误判。采用自动识别可以降低工作强度，能够大幅度提高处理速度和效率。这种功能可用于电子警察系统、道路监控系统等。智能车牌识别系统将摄像机在入口拍摄的车辆车牌号码图像自动识别并转换成数字信号。做到一卡一车，车牌识别的优势在于可以把卡和车对应起来，使管理提高一个档次，卡和车对应的优点在于长租卡须和车配合使用，杜绝一卡多车使用的漏洞，提高物业管理的效益。同时，自动比对进出车辆，防止偷盗事件的发生。摄像系统可以采集清晰的图片，作为档案保存，为一些纠纷的处理提供有力的证据。方便了管理人员在车辆出厂时进行比对，大大增强了系统的安全性。

5. 智能数据分析

目前智能交通系统主要包括信息采集系统、数据分析系统和信息发布系统。信息采集系统主要包括摄像机、GPS 导航仪、车辆通行电子信息卡、红外雷达监测器以及线圈检测器等，负责道路信息采集，如摄像机负责道路图像采集，红外雷达监测器负责车速监测，GPS 负责车辆位置数据采集。

数据分析系统是智能交通系统的核心，主要负责对信息采集系统获取的信息、数据进行分析以获取道路有效信息，分析的内容主要包括车辆信息、车主信息、车辆速度、车流量以及道路拥堵状况等。目前主要以计算机智能和人工决策为主，随着人工智能、模式识别等技术的高速发展，越来越多的计算机智能分析系统得到了应用，而人工决策则渐渐退出了历史的舞台。

信息发布系统是智能交通系统中非常重要的环节，主要负责将数据分析系统所得到的数据进行发布，发布对象包括道路监管部门和有关车辆。一方面，能够提高交管部门的管理效率；另一方面，也可以实现车辆与系统之间的通信，使得车辆更全面地了解道路信息，提高道路交通效率。

第二章

计算机图形生成与变换技术

第一节　图形生成算法与图形绘制

一、点与直线的生成算法

（一）.点的生成算法

在图形系统中，点是由数值坐标来标志的，通常以 x 和 y 表示。在显示屏上画某位置 (x, y) 上的点，实质上就是对显示屏上相应于位置 (x, y) 上的像素着色。利用 BIOS 的中断调用可以完成写像素操作。

写一个像素使用 BIOS 中断 10H 的功能 C（或中断 16 的功能 12）。表 2-1[①] 给出了各种图形模式的合法像素值。

表 2-1　BIOS 功能 C 的合法像素值

视频模式	合法像素点	视频模式	合法像素点
4、5	0~3	14	0~15
6	0~1	15	0~1
13	0~5	16	0~15

---

① 何薇.计算机图形图像处理技术与应用［M］北京：清华大学出版社，2007：20.

输出参数：

AH＝OCH

AL＝像素值（见表2-1）

CX＝像素的列号 x

DX＝像素的行号 y

BH＝指定的视频页

如果 AL 寄存器 D7 位等于1，新像素值将和原有背景颜色相互进行 OR 运算。返回值：无。

下面给出的源代码是用 Turbo C 写成的。该函数 putpoint（）表示写一个像素的功能。

```
Void putpoint（int x，int y，int color）
｛Union REGS r；
r. h. bh＝o；
r. h. ah＝oxc；
r. h. al＝color；
r. x. dx＝y；
r. x. cx＝x；
int86（Ox10，&r，&r）；
｝
```

（二）直线的生成算法

在图形软件包中，通常给定直线段的两个端点来指定须绘制的直线段，现假设两个端点已映射为像素坐标：起点 P_s (x_s, y_s)，终点 P_e (x_e, y_e)。要在显示器上绘制该直线，需要找到距该直线最近的一系列像素点，通过显示这些像素点，从而显示直线段 P_sP_e。

一种直观的办法是直接对直线进行离散取值，如利用直线的点斜式方程：

$$y = mx + c \tag{2-1}$$

式中，$m = (y_e - y_s)/(x_e - x_s)$，$c = (x_ey_s - x_sy_e)/(x_e - x_s)$。

对 x 依次取 (x_s, x_e) 区间中整数值，通过直线方程计算出对应的 y 值，即

$$y_i = m \cdot x_i + c \tag{2-2}$$

式（2-2）计算出来的坐标是用实数表示的，称为几何坐标，但须将其转化为屏幕上的像素坐标（用整数表示）进行显示；对几何坐标 (x_i, y_i)，进行取整，得到像素点坐标为：

$$(x_{ri}, y_{ri}) = (\text{round}(x_i), \text{round}(y_i)) \tag{2-3}$$

式中，round（）为利用四舍五入进行取整的函数。

在下面的算法介绍中，会涉及几何坐标和像素坐标，为了区别两个坐标系，采用大写的（X，Y）表示几何坐标，小写的（x，y）表示像素坐标。

通过这种办法产生直线有两个问题：首先，当 $|m| > 1$，即 y 方向为大变化方向时，上述方法计算出来的点将比较稀疏，在视觉效果上直线将出现间断，这个问题可以在离散取值时考虑直线的大小变化方向进行解决；其次，式（2-2）每计算一个点，都须用到一次实数乘法，在计算机中实数的乘法运算耗时较多。因此，需要寻找效率更高的算法。

1. DDA 算法

DDA 算法是利用微分方程绘制直线的一种方法。

直线的微分方程为：

$$\frac{dy}{dx} = m \text{（其中 w 为常数）} \tag{2-4}$$

由直线的微分方程，若已知直线上的某点 P（X，Y），在其 x 和 y 方向分别增加 Δx、Δy，只要 $\Delta y / \Delta x = m$，则 P（$X+\Delta x$，$Y+\Delta y$）仍在直线上。可以利用这个关系，由一点的几何坐标递推出下一点的几何坐标，递推关系为：

$$\begin{aligned} X_{i+1} &= X_i + \Delta x \\ Y_{i+1} &= Y_i + \Delta y \end{aligned} \qquad \Delta x / \Delta y = m \tag{2-5}$$

再利用式（2-3）将递推得到的几何坐标转化为像素坐标。图 2-1[①] 为 DAA 算法的递推思路：每次在 x 方向和 y 方向分别递增 Δx、Δy。

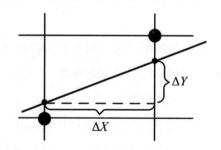

图 2-1　DAA 算法的递推思路

将每次递推的增量 Δx、Δy 称为步长。步长的选取需要从两方面考虑：步长大，则几何直线上采样的点少，计算量随之减少，但直线会出现间断；步长小，几何直线上采样的点多，图形会更逼近直线，但步长小于一个像素单位后，多个几何坐标取整后对应同一个

---

① 唐波．计算机图形图像处理基础［M］北京：电子工业出版社，2011：70.

像素坐标，这样计算量增大，而不能改善图形的效果。

因此，对步长选取的原则是：步长尽可能大但不超过一个像素单位，可取直线的大变化方向步长为一个像素单位，小变化方向的步长由斜率计算得到。具体步长的选取可根据斜率分别考虑。

$$\begin{cases} \Delta x = 1, \ \Delta y = m & 0 \leqslant |m| < 1, \ x_s \leqslant x_e \\ \Delta x = -1, \ \Delta y = m & 0 \leqslant |m| < 1, \ x_s > x_e \\ \Delta y = 1, \ \Delta x = 1/m & 1 < |m|, \ y_s \leqslant y_e \\ \Delta y = -1, \ \Delta x = 1/m & 1 < |m|, \ y_s > y_e \end{cases} \qquad (2\text{-}6)$$

根据以上的分析，DDA 算法的实现过程为：①根据式（2-6）确定的步长，由已知的直线起点和终点确定递推的起始和终止条件；②根据式（2-5）递推出下一个像素的几何坐标；③根据式（2-3）将几何坐标转化为像素坐标，绘制这一像素点；④若满足结束条件，则退出程序，否则转入第二步，继续下一个点的计算。

DDA 算法的优点是采用了递推的思想，去除了求每个采样点的乘法运算，而改用实数的加法进行计算，效率大为提高；其缺点是求步长时，需要整数的除法运算，虽然只有两次除法，但算法若由硬件实现，则仍须实现一个除法器，并且实数的加法不如整数的加法效率高。若所有运算都用整数加法实现，则效率可能会更进一步提高，Bresenham 算法正是这样一种算法。

2. Bresenham 算法

DDA 算法是在几何坐标上进行的递推，Bresenham 算法则考虑在像素坐标上进行递推。因为像素坐标是整数表示的，若能找到像素坐标上的递推方法，则该算法可能只会包含整数运算。

Bresenham 算法需要针对不同的斜率进行分别考虑，以 $0 \leqslant m < 1$，$x_e > x_s$ 为例，介绍 Bresenham 算法的思路，其他的情况可以进行类似的推导。

根据 DDA 算法的分析，针对设定的情况：$0 \leqslant m < 1$、$x_e > x_s$，这时水平方向为大变化方向，当水平方向变化量 $\Delta x = 1$ 时，垂直方向的变化量 $0 \leqslant \Delta y < 1$。

如图 2-2① 所示，Bresenham 算法的递推思路是：由当前像素点 P 点递推出与 Q' 最近的像素点坐标。图中 $Q(X_i, Y_i)$ 为待显示直线与光栅网格线 $x = x_i$ 的交点，$Q'(X_{i+1}, Y_{i+1})$ 为直线与网格线 $x = x_i + 1$ 的交点，现假设已知像素点 $P(X_i, Y_i)$ 为与 Q 最近的像素点，T 为 P 点右上角的相邻像素点，B 为 P 点右边相邻的像素点，$A(x_i + 1, y_i + 0.5)$ 为 T 与 B 的中点。若我们可以由 P 点方便地递推出与 Q' 最近的像素点，则可以由直线的起点依次

① 唐波. 计算机图形图像处理基础 [M] 北京：电子工业出版社，2011：71.

递推出后续的像素点，从而实现直线的扫描转换。下面分析是否可以由 P 点递推出与 Q' 最近的像素点。

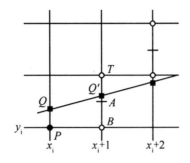

图 2-2　Bresenham 算法的递推思路

根据图 2-2 中 Q 与 Q' 的位置关系，有：

$$\begin{cases} X_{i+1} = X_i + 1 \\ Y_{i+1} = Y_i + m \end{cases} \tag{2-7}$$

由 P 为与 Q 最近的像素点，可得：

$$\begin{cases} y_i = \text{round}(Y_i) \\ x_i = \text{round}(X_i) = X_i \end{cases} \tag{2-8}$$

已知 $0 \leq m < 1$，因此：

$$Y_i \leq Y_{i+1} < Y_i + 1 \tag{2-9}$$

结合式（2-8）及式（2-9），$\text{round}(Y_i + 1)$ 只能为 Y_i 或 $Y_i + 1$，即

$$y_{i+1} = \text{round}(Y_{i+1}) = \begin{cases} y_i \\ y_i + 1 \end{cases} \tag{2-10}$$

$$x_{i+1} = \text{round}(X_{i+1}) = x_i + 1$$

式（2-10）说明与 Q' 最近的像素点只能为 B 或 T。考查图 2-2 中 Q' 与 A 的位置关系，当 Q' 在 A 的上方时，Q' 离 T 近；当 Q' 在 A 的下方时，Q' 离 B 近。因此，可以定义一个判别量，作为选取 T 或 B 的依据，判别量定义式为：

$$e_{i+1} = Y_{i+1} - (y_i + 0.5) \tag{2-11}$$

$e_i > 0$ 表示 Q' 离 T 近，应该选取 T 作为 Q' 的近似；$e_i < 0$ 表示 Q' 离 B 近，应该选取 B 作为 Q' 的近似。

对于两个可能的像素点位于直线的同一侧时，也同样可以利用式（2-11）进行判断。如图 2-2 中，在下一步的递推中（直线与 $x = x_i + 2$ 相交的情况），如果已知的像素点为 T，可能的两个像素点都位于直线的上侧，判别量的符号依然可以作为选取离 Q' 最近的像素点的依据，且判断的依据是相同的。直线与点 T、B 的关系只有两种：T、B

位于直线的两侧，或者点 T、B 位于直线的同侧，因此，判别量的符号可以作为一个通用的判别依据。

根据 e_{i+1} 的符号及式（2-10），可写出像素点坐标的递推关系式：

$$x_{i+1} = x_i + 1$$

$$y_{i+1} = \begin{cases} y_i & e_{i+1} < 0 \\ y_i + 1 & e_{i+1} \geqslant 0 \end{cases} \tag{2-12}$$

为使整个计算以递推的方式进行，还须找出判别量的递推关系式，下面进一步推导出 e_{i+1} 的递推关系式：

$$e_{i+1} = Y_{i+1} - (y_i + 0.5) = Y_i + m - (y_i + 0.5)$$

$$= \begin{cases} Y_i + m - (y_{i-1} + 0.5) & e_i < 0 \\ Y_i + m - (y_{i-1} + 1 + 0.5) & e_i \geqslant 0 \end{cases} \tag{2-13}$$

根据判别量的定义式（2-11），有 $e_i = Y_i - (y_{i-1} + 0.5)$，结合式（2-13），有：

$$e_{i+1} = \begin{cases} e_i + m & e_i < 0 \\ e_i + m - 1 & e_i \geqslant 0 \end{cases} \tag{2-14}$$

式（2-14）有明显的几何意义：根据 $e_i = Y_i - (y_{i-1} + 0.5)$，由第 i 步递推到第 $i+1$ 步，当 $e_i < 0$ 时，像素坐标 y 不变，而几何坐标 Y 增加 m，因此 $e_{i+1} = e_i + m$；当 $e_i \geqslant 0$ 时，几何坐标 Y 增加 m，但同时像素坐标 y 增加 1，因此 $e_{i+1} = e_i + m - 1$。

递推由直线的起点进行，因此根据直线的起点可确定初值，即

$$x_0 = x_s$$

$$y_0 = y_s \tag{2-15}$$

$$e_1 = Y_1 - (y_0 + 0.5) = y_s + m - (y_0 + 0.5) = m - 0.5$$

上面的递推过程中，像素点的递推已是整数运算，但判别量的递推仍为实数运算。考虑到在像素点的递推过程中，判别量只是符号起作用，因此可将现在的判别量放大一个正整数倍，使判别量的计算在整数上进行。定义新的判别量：

$$d_i = 2(x_e - x_s) e_i \tag{2-16}$$

则

$$e_i < 0 \Leftrightarrow d_i < 0, \quad e_i \geqslant 0 \Leftrightarrow d_i \geqslant 0 \tag{2-17}$$

由式（2-14），可得新判别量的递推公式为：

$$d_{i+1} = 2(x_e - x_s) e_{i+1}$$

$$= \begin{cases} 2(x_e - x_s) \cdot (e_i + m) & e_i < 0 \\ 2(x_e - x_s) \cdot (e_i + m - 1) & e_i \geqslant 0 \end{cases}$$

$$= \begin{cases} d_i + 2(y_e - y_s) & e_i < 0 \\ d_i + 2(y_e - y_s) - 2(x_e - x_s) & e_i \geq 0 \end{cases}$$

$$= \begin{cases} d_i + 2(y_e - y_s) & d_i < 0 \\ d_i + 2(y_e - y_s) - 2(x_e - x_s) & d_i \geq 0 \end{cases} \tag{2-18}$$

初值：

$$d_1 = 2(x_e - x_s) e_1 = 2(x_e - x_s) \cdot (m - 0.5) = 2(y_c - y_s) - (x_e - x_s) \tag{2-19}$$

至此，得到了 Bresenham 算法的完整递推公式为：

$$\begin{cases} x_{i+1} = x_i + 1 \\ y_{i+1} = \begin{cases} y_i & d_{i+1} < 0 \\ y_i + 1 & d_{i+1} \geq 0 \end{cases} \end{cases} \tag{2-20}$$

$$d_{i+1} = \begin{cases} d_i + 2(y_e - y_s) & d_i < 0 \\ d_i + 2(y_e - y_s) - 2(x_e - x_s) & d_i \geq 0 \end{cases} \tag{2-21}$$

初值：

$$x_0 = x_s$$
$$y_0 = y_s \tag{2-22}$$
$$d_1 = 2(y_e - y_s) - (x_e - x_s)$$

递推结束条件为：

$$x \geq x_e \tag{2-23}$$

以上推导是在 $0 \leq m < 1$ 且 $x_e > x_s$ 条件下进行的，对于其他的情况，推导方法类似。

根据 Bresenham 算法的最后的递推公式及其示例程序可以看出，Bresenham 算法只包含整数的加法和移位运算，整数的加法和移位运算在计算机中运算速度非常快，因此，直线的 Bresenham 算法是一种高效的实现算法。

在直线的 DDA 算法和 Bresenham 算法中，都是利用了递推的思想，结果使运算的效率大大提高，在以后的一些算法中，还会用到这样的思想，使问题的求解变得更高效。

二、圆与圆弧的生成算法

(一) 中点画圆

利用圆的对称性以从 $(0, R)$ 到 $(R/\sqrt{2}, R/\sqrt{2})$ 的 1/8 圆为例来推导中点画圆算法。假定当前已确定了圆弧上的一个像素点为 $P(x_p, y_p)$，那么，下一个像素只能是右方的

P_1 (x_p+1, y_p) 或右下方的 P_2 (x_p+1, y_p-1)。

构造函数 F (x, y) = $x^2+y^2-R^2$：

若 F (x, y) = 0，则点在圆上。

若 F (x, y) >0，则点在圆外。

若 F (x, y) <0，则点在圆内。

设 M 为 P_1 和 P_2 的中点，M 为 (x_p+1, $y_p-0.5$)：

若 F (M) <0，M 在圆内，P_1 点离圆弧更近，取 P_1 为下一个像素。

若 F (M) >0，M 在圆外，P_2 点离圆弧更近，取 P_2 为下一个像素。

若 F (M) = 0，M 在圆上，P_1、P_2 可任取，这里约定取 P_2。

令中点 M 与圆弧上的像素点 P (x_p, y_p) 的误差项为 d：

$$d = F(M) = F(x_p + 1, y_p - 0.5)$$
$$= (x_p + 1)^2 + (y_p - 0.5)^2 - R^2 \tag{2-24}$$

若 d<0，则 P_1 为下一个像素，产生新的误差项为：

$$d_1 = F(x_{p1} + 1, y_{p1} - 0.5) = F(x_p + 2, y_p - 0.5)$$
$$= (x_p + 2)^2 + (y_p - 0.5)^2 - R^2 = d + 2x_p + 3 \tag{2-25}$$

即 d 的增量为 $2x_p+3$。

若 d≥0，则 P_2 为下一个像素，那么产生新的误差项为：

$$d_1 = F(x_{p2} + 1, y_{p2} - 0.5) = F(x_p + 2, y_p - 1.5)$$
$$= (x_p + 2)^2 + (y_p - 1.5)^2 - R^2 = d + (2x_p + 3) + (-2y_p + 2) \tag{2-26}$$
$$= d + 2(x_p - y_p) + 5$$

即 d 的增量为 2 (x_p-y_p) +5。

d 的初值：

$$X = 0, Y = R, d = F(1, R - 0.5) = 1 + (R - 0.5)^2 - R^2 = 1.25 - R \tag{2-27}$$

（二）Bresenham 画圆

利用圆的对称性，只画出 1/8 的圆弧，即在 45~90° 之间的圆弧。再进行 8 次映射，完成整个圆。1/8 弧的像素位置是由误差项 d 得出的。

第 1 点像素位置在 ($x=0$, $y=R$) 处，依次各像素位置为：x 方向上，每次向+x 方向走一步，即 $x_i=x_{i-1}+1$，y 方向上，每次是否走步，视误差项 d_i 而定。如图 2-3[①] 所示，点

---

① 何薇. 计算机图形图像处理技术与应用 [M]. 北京：清华大学出版社，2007：31.

P_{i-1}（x，y）是已选中的一个表示圆弧上的点，根据圆弧的走向，下一个点应该从 H_i 或者 L_i 中选择。显然应选离圆弧最近的点。

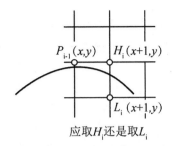

应取H_i还是取L_i

图 2-3　选离圆弧最近的点

当圆的半径为 R 时：

$x_{hi}^2 + y_{hi}^2 - R^2 \geq R^2 - (x_{li}^2 + y_{li}^2)$ 时，应该取 $L_i(x+1，y-1)$ 否则取 $H_i(x+1，y)$。

令：

$$d_i = x_{hi}^2 + y_{hi}^2 + x_{li}^2 + y_{li}^2 - 2R^2 \tag{2-28}$$

显然，当 $d_i \geq 0$ 时应该取 L_i；$d_i < 0$ 时则取 H_i。

计算 d_i：设 P_{i-1} 的坐标为（x_{i-1}，y_{i-1}），则有 H_i 为（$x_{i-1}+1$，y_{i-1}），L_i 为（$x_{i-1}+1$，$y_{i-1}-1$），则

$$d_i = x_{hi}^2 + y_{hi}^2 + x_{li}^2 + y_{li}^2 - 2R^2 \tag{2-29}$$

当 $d_i \geq 0$ 时，选 L_i 点：

$$x_i = x_{i-1} + 1 \\ y_i = y_{i-1} - 1 \tag{2-30}$$

产生新的误差项：

$$d_{i+1} = (x_i + 1)^2 + y_i^2 + (x_i + 1)^2 + (y_i - 1)^2 - 2R^2$$
$$= (x_{i-1} + 1 + 1)^2 + (y_{i-1} - 1)^2 + (x_{i-1} + 1 + 1)^2 + (y_{i-1} - 1 - 1)^2 - 2R^2$$
$$= d_i + 4(x_{i-1} - y_{i-1}) + 10$$

$$\tag{2-31}$$

当 $d_i < 0$ 时，选 H_i 点：

$$x_i = x_{i-1} + 1 \\ y_i = y_{i-1} \tag{2-32}$$

产生新的误差项：

$$d_{i+1} = (x_i + 1)^2 + y_i^2 + (x_i + 1)^2 + (y_i - 1)^2 - 2R^2$$
$$= (x_{i-1} + 1 + 1)^2 + (y_{i-1})^2 + (x_{i-1} + 1 + 1)^2 + (y_{i-1} - 1)^2 - 2R^2 \tag{2-33}$$
$$= d_i + 4x_{i-1} + 6$$

结论：

设 P_{i-1} 的坐标为 (x_{i-1}, y_{i-1})。

当 $d_i \geq 0$ 时，选 L_i 点则有：$d_{i+1} = d_i + 4(x_{i-1} - y_{i-1}) + 10$。

当 $d_i < 0$ 时，选 H_i 点则有：$d_{i+1} = d_i + 4x_{i-1} + 6$。

d 得初值为：$d = 3 - 2r$。

（三）角度 DDA 画圆弧与圆

角度 DDA 法产生圆弧是利用圆的参数方程，随着圆心角的变化，产生圆周上一组点的坐标值，将这些点以直线连接，用弦线段来构造圆弧。

要使弦线段构造出的圆弧更光滑，每一步圆心角的变化增量的选取是非常关键的。

如图 2-4 所示[①]，若给出圆心 (x_c, y_c)、半径 R、起始角度 θ_s 及终止角度 θ_e，要产生从 θ_s 到 θ_e 这段圆弧。现定角度的正方向为逆时针方向，所画的这段弧也是逆时针方向的一段圆弧。

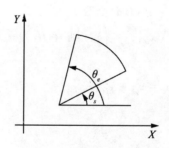

图 2-4　画从 θ_s 到 θ_e 一段圆弧

已知圆的参数方程可表示为：

$$\begin{aligned} x &= x_c + R \cdot \cos\theta \\ y &= y_c + R \cdot \sin\theta \end{aligned} \quad (0 \leq \theta \leq 2\pi) \tag{2-34}$$

当 $\theta = \theta_s$ 时，得到弧上的起始点坐标为：

$$\begin{cases} x_s = x_c + R \cdot \cos\theta_s \\ y_s = y_c + R \cdot \sin\theta_s \end{cases} \tag{2-35}$$

当 $\theta = \theta_e$ 时，得到弧上的终止点坐标为：

$$\begin{cases} x_e = x_c + R \cdot \cos\theta_e \\ y_e = y_c + R \cdot \sin\theta_e \end{cases} \tag{2-36}$$

如果设从 θ_s 到 θ_e，θ 的变化增量为 $\mathrm{d}\theta$，那么

① 何薇．计算机图形图像处理技术与应用［M］．北京：清华大学出版社，2007：33．

$$\begin{cases} x_1 = x_c + R \cdot \cos(\theta_s + \mathrm{d}\theta) \\ y_1 = y_c + R \cdot \sin(\theta_s + \mathrm{d}\theta) \end{cases} \tag{2-37}$$

依此类推：

$$\begin{cases} x_i = x_c + R \cdot \cos(\theta_s + i\mathrm{d}\theta) \\ y_i = y_c + R \cdot \sin(\theta_s + i\mathrm{d}\theta) \end{cases} \quad i = 1 \sim n \tag{2-38}$$

n 为从 θ_s 到 θ_e 所需的总的走步数：

$$n = INT\left(\frac{\theta_e - \theta_s}{\mathrm{d}\theta} + 0.5\right) \tag{2-39}$$

为了避免累积误差，最后应使 $\theta = \theta_e$ 强迫到达终点。

当角度的变化从 0~360°变化，生成的就是一个圆。

三、直线与圆绘制的复杂图形绘制

将直线与圆进行如缩放、旋转、平移等处理，就可将简单的图形转变为复杂的、千变万化的图形。

（一）正方形螺旋连续图案

1. 正方形螺旋的图形分析

如图 2-5 所示[①]，是由一个基本的正方形边旋转边缩小变换而成的。

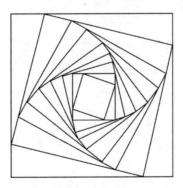

图 2-5　正方形螺旋

任意正多边形的画法是：已知边数为 n，外接圆半径 R，外接圆圆心 (x_c, y_c)，起始点方向角度 α。

---

① 何薇. 计算机图形图像处理技术与应用 [M]. 北京：清华大学出版社，2007：35.

第 1 点：

$$\begin{cases} x_1 = x_c + R \cdot \cos\alpha \\ y_1 = y_c + R \cdot \sin\alpha \end{cases} \tag{2-40}$$

第 2 点：

$$\begin{cases} x_2 = x_c + R \cdot \cos(\alpha + \Delta\alpha) \\ y_2 = y_c + R \cdot \sin(\alpha + \Delta\alpha) \end{cases} \tag{2-41}$$

第 i 点：

$$\begin{cases} x_i = x_c + R \cdot \cos(\alpha + (i-1)\Delta\alpha) \\ y_i = y_c + R \cdot \sin(\alpha + (i-1)\Delta\alpha) \end{cases} i = 1 \sim n \tag{2-42}$$

若将各点相继连线得到的就是任意正多边形，如图 2-6 所示[①]。

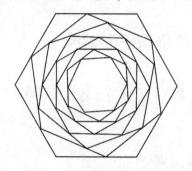

图 2-6　任意正多边形螺旋

正方形 $ABCD$ 边长为 L，起始点方向角 $\alpha_1 = 45°$，外接圆半径 R_1，旋转 θ 角度后得到 $A'B'C'D'$，如图 2-7 所示[②]。

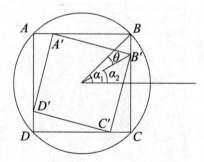

图 2-7　正方形旋转 θ 角

两图形之间有下列关系：

第一，外接圆半径发生变化由 R_1 变为 R_2。

① 何薇. 计算机图形图像处理技术与应用 [M]. 北京：清华大学出版社，2007：35.
② 何薇. 计算机图形图像处理技术与应用 [M]. 北京：清华大学出版社，2007：35.

第二，起始点方向角度发生变化由 α_1 变为 α_2。

并且有：

$$\alpha_2 = \alpha_1 - \theta$$

$$R_1 = \frac{L}{2}/\cos(\alpha_1) = \frac{L}{2}/\cos 45° = L/\sqrt{2} \tag{2-43}$$

$$R_2 = \frac{L}{2}/\cos(\alpha_2) = \frac{L}{2}/\cos(\alpha_1 - \theta) = \frac{R_1}{\cos\theta + \sin\theta}$$

当正方形每次旋转 θ 角度后，外接圆半径与起始点方向角度变化有如下关系：

$$\begin{cases} \alpha_{i+1} = \alpha_i - \theta \\[2mm] R_{i+1} = \dfrac{R_i}{\cos\theta + \sin\theta} \end{cases} \tag{2-44}$$

当 $i=1$ 时，$\alpha_i = 45°$，$R_1 = \dfrac{L}{\sqrt{2}}$。

2. 正方形螺旋的生成算法

正方形边长为 L，起始角度为 $\alpha_i = 45°$，绕中心点 (x_c, y_c) 连续旋转 n 次，每次旋转 θ 角，程序流程框图如 2-8 所示[①]。

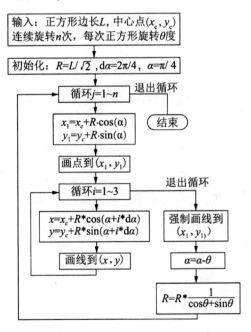

图 2-8　正方形螺旋连续图案流程图

---

① 何薇. 计算机图形图像处理技术与应用［M］. 北京：清华大学出版社，2007：36.

（二）金刚石图案

1. 金刚石图案的图形分析

如图 2-9 所示①，是一个金刚石图案，它是由圆周上的各等分点之间的连线组成的。

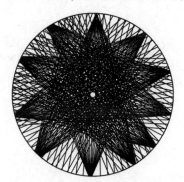

图 2-9　金刚石图案

圆周上各等分点的坐标 (x_i, y_i) 可表示为：

$$\begin{cases} x_i = x_c + R \cdot \cos(id\theta) \\ y_i = y_c + R \cdot \cos(id\theta) \end{cases} \quad i = 1 \sim n \tag{2-45}$$

其中，(x_c, y_c) 为圆心，R 为圆半径，n 为圆周上等分点的数目，$d\theta = 2\pi/n$ 为角度的增量。

当 $i=1$ 时，求得圆周上的第 1 个等分点 (x_1, y_1)。

当 $i=n$ 时，求得圆周上的最后一个等分点 (x_n, y_n)。

用 (x_1, y_1) 分别与 (x_2, y_2)，(x_3, y_3)，$\cdots$ (x_n, y_n) 连直线，再用 (x_2, y_2) 分别与 (x_3, y_3)，(x_4, y_4)，$\cdots$ (x_n, y_n) 连直线，依此类推直至 (x_{n-1}, y_{n-1}) 与 (x_n, y_n) 连直线。

由此不难看出，圆周上的 n 个等分点要多次使用，所以最好一次计算出来，存放于数组中，以供需要时引用。

2. 金刚石图案的生成算法

已知：圆心为 (x_c, y_c)，半径为 R，等分点数为 n。金刚石图案程序流程图如图 2-10 所示②。

---

① 何薇. 计算机图形图像处理技术与应用［M］. 北京：清华大学出版社，2007：37.
② 何薇. 计算机图形图像处理技术与应用［M］. 北京：清华大学出版社，2007：37.

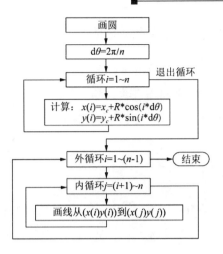

图 2-10　金刚石图案算法流程图

（三）鞍形图案

1. 鞍形图案的图形分析

鞍形图案是由各直线上的等分点相互连接而成的。如图 2-11 所示[①]，点 P_1、P_2，P_3、P_4，P_1、P_3，P_2、P_4 共构成了 4 条直线分别为 L_1、L_2、L_3、L_4。

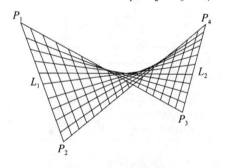

图 2-11　鞍形图案

在 L_1 与 L_2 上求得各等分点，并相互连接。

在 L_3 与 L_4 上求得各等分点，并相互连接，就构成了鞍形图案。

其中 P_1、P_2 二点构成的直线参数方程为：

$$Q(t) = (P_2 - P_1)t + P_1 \quad t \in [0, 1] \tag{2-46}$$

该直线上各等分点的坐标可表示为：

$$\begin{cases} x_i = (x_2 - x_1)t_i + x_1 \\ y_i = (y_2 - y_1)t_i + y_1 \end{cases} \tag{2-47}$$

---

① 何薇. 计算机图形图像处理技术与应用［M］. 北京：清华大学出版社，2007：39.

$t_i = i\mathrm{d}t$，$\mathrm{d}t = \dfrac{1}{n}$，$i = 1 \sim n$，$n$ 为直线上的等分数目。

在直线 L_1、L_2 上分别求得各等分点的坐标为 $(x_i,\ y_i)$ 和 $(x_j,\ y_j)$，其中 $i = 1 \sim n$，$j = 1 \sim n$，在 $(x_i,\ y_i)$ 与 $(x_j,\ y_j)$ 之间连直线。

同理，在 L_3 上的等分点 $(x_k,\ y_k)$ 与 L_4 上的等分点 $(x_g,\ y_g)$ 之间连直线，就可获得鞍形图案。

2. 鞍形图案的生成算法

已知：平面上 4 个点 $P_1\ (x_1,\ y_1)$、$P_2\ (x_2,\ y_2)$、$P_3\ (x_3,\ y_3)$、$P_4\ (x_4,\ y_4)$，各直线上的等分点数目且均为 n 时，使用 $a_1 \sim a_4$，$b_1 \sim b_4$ 作为公共变量。鞍形图案的程序流程图如图 2-12 所示[①]。

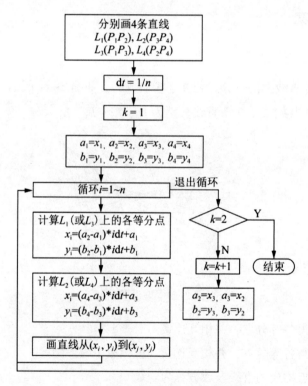

图 2-12　鞍形图案流程图

---

① 何薇. 计算机图形图像处理技术与应用 [M]. 北京：清华大学出版社，2007：39.

（四）椭圆形图案

如图 2-13 所示①的椭圆形图案是由多个椭圆旋转而成的。

图 2-13　椭圆形图案

正椭圆的参数有圆心 (x_c, y_c)、长轴 a 和短轴 b，任意椭圆是由正椭圆旋转任意角度 α 而得到。正椭圆与任意椭圆的关系如图 2-14 所示②。

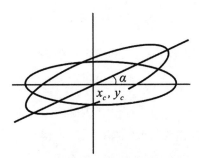

图 2-14　正椭圆与任意椭圆的关系

正椭圆上任意一点的坐标 (x_i, y_i) 可表示为：

$$\begin{cases} x_i = x_c + b\cos(\theta_s + i\mathrm{d}\theta) \\ y_i = y_c + b\sin(\theta_s + i\mathrm{d}\theta) \end{cases} \quad i = 1 \sim n \tag{2-48}$$

任意椭圆上一点 (x, y) 相对于 xoy 坐标系的坐标可表示为：

$$\begin{cases} x = x_c + a\cos\theta\cos\alpha - b\sin\theta\sin\alpha \\ y = y_c + a\cos\theta\sin\alpha + b\sin\theta\cos\alpha \end{cases} \tag{2-49}$$

①　何薇. 计算机图形图像处理技术与应用 [M]. 北京：清华大学出版社，2007：41.
②　何薇. 计算机图形图像处理技术与应用 [M]. 北京：清华大学出版社，2007：41.

第二节　二维图形的几何变换与剪裁

一、二维图形的基本变换

（一）二维图形的三种基本变换

1. 平移基本变换

（1）平移的含义：将物体沿直线路径从一个位置移到另一个位置，如图 2-15 所示[1]。

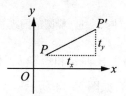

图 2-15　平移

（2）变换方程。由图 2-15 容易看出，该变换的变换方程为：

$$\begin{cases} x' = x + t_x \\ y' = y + t_y \end{cases} \tag{2-50}$$

（3）矩阵形式。将变换方程改写成矩阵形式，可得：

$$\begin{pmatrix} x' \\ y' \end{pmatrix} = \begin{pmatrix} x \\ y \end{pmatrix} + \begin{pmatrix} t_x \\ t_y \end{pmatrix} \tag{2-51}$$

2. 旋转基本变换

（1）旋转的含义：将物体沿 xy 平面内的圆弧路径重定位，如图 2-16 所示[2]。

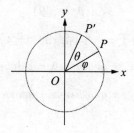

图 2-16　旋转

---

① 王志喜，王润云.计算机图形图像技术［M］.徐州：中国矿业大学出版社，2018：35.
② 王志喜，王润云.计算机图形图像技术［M］.徐州：中国矿业大学出版社，2018：35.

（2）变换方程。规定基准点为原点，在极坐标系中，点的原始坐标为：

$$\begin{cases} x = r\cos\varphi \\ y = r\sin\varphi \end{cases} \tag{2-52}$$

变换后的坐标为：

$$\begin{cases} x' = r\cos(\varphi + \theta) = r\cos\varphi\cos\theta - r\sin\varphi\sin\theta \\ y' = r\sin(\varphi + \theta) = r\cos\varphi\sin\theta + r\sin\varphi\cos\theta \end{cases} \tag{2-53}$$

所以变换方程为：

$$\begin{cases} x' = x\cos\theta - y\sin\theta \\ y' = x\sin\theta + y\cos\theta \end{cases} \tag{2-54}$$

（3）矩阵形式。将变换方程改写成矩阵形式，可得：

$$\begin{pmatrix} x' \\ y' \end{pmatrix} = \begin{pmatrix} \cos\theta & -\sin\theta \\ \sin\theta & \cos\theta \end{pmatrix} \begin{pmatrix} x \\ y \end{pmatrix} \tag{2-55}$$

3. 缩放基本变换

（1）缩放的含义。对 x 和 y 坐标分别乘以一个系数，如图 2-17 所示[①]。

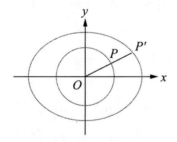

图 2-17 缩放

（2）变换方程。根据含义直接可得：

$$\begin{cases} x' = x \times s_x \\ y' = y \times s_y \end{cases} \tag{2-56}$$

（3）矩阵形式。将变换方程改写成矩阵形式，可得：

$$\begin{pmatrix} x' \\ y' \end{pmatrix} = \begin{pmatrix} s_x & 0 \\ 0 & s_y \end{pmatrix} \begin{pmatrix} x \\ y \end{pmatrix} \tag{2-57}$$

---

① 王志喜，王润云．计算机图形图像技术［M］．徐州：中国矿业大学出版社，2018：36.

（二）二维图形的齐次坐标和矩阵表示

1. 齐次坐标

（1）齐次坐标的引入目的：将任何二维变换都表示为矩阵乘法。

（2）齐次坐标的表示方法：用三元组 $(x_h,\ y_h,\ h)$ 表示坐标 $(x,\ y)$。其中，$x=x_h/h$，$y=y_h/h$。

2. 矩阵表示

（1）平移。用 $\boldsymbol{T}\ (t_x,\ t_y)$ 表示。

$$\begin{pmatrix} x' \\ y' \\ 1 \end{pmatrix} = \begin{pmatrix} 1 & 0 & t_x \\ 0 & 1 & t_y \\ 0 & 0 & 1 \end{pmatrix}\begin{pmatrix} x \\ y \\ 1 \end{pmatrix} \tag{2-58}$$

（2）旋转。用 $\boldsymbol{R}\ (\theta)$ 表示。

$$\begin{pmatrix} x' \\ y' \\ 1 \end{pmatrix} = \begin{pmatrix} \cos\theta & -\sin\theta & 0 \\ \sin\theta & \cos\theta & 0 \\ 0 & 0 & 1 \end{pmatrix}\begin{pmatrix} x \\ y \\ 1 \end{pmatrix} \tag{2-59}$$

（3）缩放。用 $\boldsymbol{S}\ (s_x,\ s_y)$ 表示。

$$\begin{pmatrix} x' \\ y' \\ 1 \end{pmatrix} = \begin{pmatrix} s_x & 0 & 0 \\ 0 & s_y & 0 \\ 0 & 0 & 1 \end{pmatrix}\begin{pmatrix} x \\ y \\ 1 \end{pmatrix} \tag{2-60}$$

（三）二维图形的不同类型逆变换

1. 平移逆变换

如图 2-18 所示[①]。已知 $\boldsymbol{T}^{-1}(t_x,\ t_y) = \boldsymbol{T}(-t_x,\ -t_y)$。变换方程为：

$$\begin{pmatrix} x' \\ y' \\ 1 \end{pmatrix} = \begin{pmatrix} 1 & 0 & -t_x \\ 0 & 1 & -t_y \\ 0 & 0 & 1 \end{pmatrix}\begin{pmatrix} x \\ y \\ 1 \end{pmatrix} \tag{2-61}$$

---

① 王志喜，王润云. 计算机图形图像技术 ［M］. 徐州：中国矿业大学出版社，2018：37.

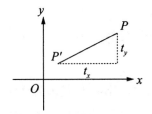

图 2-18　平移的逆变换

2. 旋转逆变换

如图 2-19 所示[1]，已知 $\boldsymbol{R}^{-1}(\theta)=\boldsymbol{R}(-\theta)=\boldsymbol{R}^{\mathrm{T}}(\theta)$。变换方程为：

$$\begin{pmatrix} x' \\ y' \\ 1 \end{pmatrix}=\begin{pmatrix} \cos\theta & \sin\theta & 0 \\ -\sin\theta & \cos\theta & 0 \\ 0 & 0 & 1 \end{pmatrix}\begin{pmatrix} x \\ y \\ 1 \end{pmatrix} \tag{2-62}$$

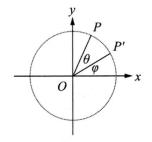

图 2-19　旋转的逆

3. 缩放逆变换

如图 2-20 所示[2]，已知 $\boldsymbol{S}^{-1}(s_x,\ s_y)=\boldsymbol{S}(1/s_x,\ 1/s_y)$。变换方程为：

$$\begin{pmatrix} x' \\ y' \\ 1 \end{pmatrix}=\begin{pmatrix} 1/s_x & 0 & 0 \\ 0 & 1/s_y & 0 \\ 0 & 0 & 1 \end{pmatrix}\begin{pmatrix} x \\ y \\ 1 \end{pmatrix} \tag{2-63}$$

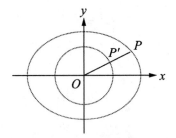

图 2-20　缩放的逆

① 王志喜，王润云. 计算机图形图像技术 [M]. 徐州：中国矿业大学出版社，2018：37.
② 王志喜，王润云. 计算机图形图像技术 [M]. 徐州：中国矿业大学出版社，2018：37.

二、二维图形的反射和旋转

一些二维变换虽然不是二维基本变换，但是因为这些变换形式简单，又很常用，可以将它们当作扩充的二维基本变换。以下只介绍最常用的反射和旋转。

（一）二维图形的反射

1. x 轴反射

如图 2-21 所示[①]，相当于 S（1，-1）。变换方程为：

$$\begin{cases} x' = x \\ y' = -y \end{cases} \tag{2-64}$$

变换矩阵为：

$$\begin{pmatrix} 1 & 0 & 0 \\ 0 & -1 & 0 \\ 0 & 0 & 1 \end{pmatrix} \tag{2-65}$$

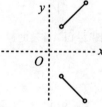

图 2-21　对 x 轴反射

2. y 轴反射

如图 2-22 所示[②]，相当于 S（-1，1）。变换方程为：

$$\begin{cases} x' = -x \\ y' = y \end{cases} \tag{2-66}$$

变换矩阵为：

$$\begin{pmatrix} -1 & 0 & 0 \\ 0 & 1 & 0 \\ 0 & 0 & 1 \end{pmatrix} \tag{2-67}$$

---

① 王志喜，王润云．计算机图形图像技术［M］．徐州：中国矿业大学出版社，2018：38.
② 王志喜，王润云．计算机图形图像技术［M］．徐州：中国矿业大学出版社，2018：38.

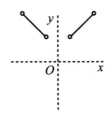

图 2-22 对 y 轴反射

3. 原点反射

如图 2-23 所示[1]，相当于变换方程为：

$$\begin{cases} x' = - x \\ y' = - y \end{cases} \tag{2-68}$$

变换矩阵为：

$$\begin{pmatrix} -1 & 0 & 0 \\ 0 & -1 & 0 \\ 0 & 0 & 1 \end{pmatrix} \tag{2-69}$$

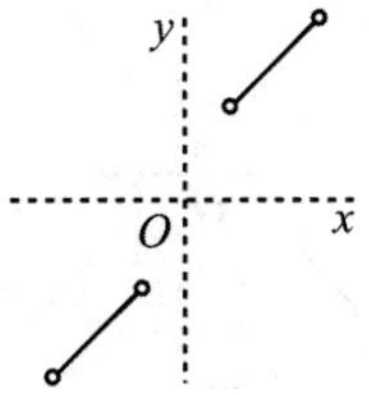

图 2-23 对原点反射

4. $y=x$ 反射

如图 2-24 所示[2]，变换方程为：

$$\begin{cases} x' = y \\ y' = x \end{cases} \tag{2-70}$$

变换矩阵为：

$$\begin{pmatrix} 0 & 1 & 0 \\ 1 & 0 & 0 \\ 0 & 0 & 1 \end{pmatrix} \tag{2-71}$$

① 王志喜，王润云.计算机图形图像技术 [M].徐州：中国矿业大学出版社，2018：38.
② 王志喜，王润云.计算机图形图像技术 [M].徐州：中国矿业大学出版社，2018：39.

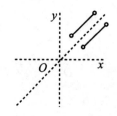

图 2-24　对 $y=x$ 反射

5. $y=-x$ 反射

如图 2-25 所示[①]，变换方程为：

$$\begin{cases} x' = -y \\ y' = -x \end{cases} \qquad (2\text{-}72)$$

变换矩阵为：

$$\begin{pmatrix} 0 & -1 & 0 \\ -1 & 0 & 0 \\ 0 & 0 & 1 \end{pmatrix} \qquad (2\text{-}73)$$

图 2-25　对 $y=-x$ 反射

（二）二维图形的旋转

1. 正交的单位向量组变换到坐标轴方向

将正交的单位向量组 $\boldsymbol{u}=(u_1,\ u_2)$ 和 $\boldsymbol{v}=(v_1,\ v_2)$ 分别变换成沿 x 轴和 y 轴的单位向量（如图 2-26 所示[②]）。求该变换的变换矩阵。

---

① 王志喜，王润云．计算机图形图像技术［M］．徐州：中国矿业大学出版社，2018：39.
② 王志喜，王润云．计算机图形图像技术［M］．徐州：中国矿业大学出版社，2018：39.

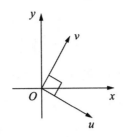

图 2-26 正交的单位向量组

2. 变换矩阵的构造

因为 $\boldsymbol{u} = (u_1, u_2)$ 和 $\boldsymbol{v} = (v_1, v_2)$ 是正交的单位向量组，所以 $|\boldsymbol{u}| = |\boldsymbol{v}| = 1$，$\boldsymbol{u} \cdot \boldsymbol{v} = \boldsymbol{v} \cdot \boldsymbol{u} = 0$。考虑变换矩阵：

$$\boldsymbol{R} = \begin{pmatrix} u_1 & u_2 & 0 \\ v_1 & v_2 & 0 \\ 0 & 0 & 1 \end{pmatrix} \tag{2-74}$$

因为：

$$\begin{pmatrix} u_1 & u_2 & 0 \\ v_1 & v_2 & 0 \\ 0 & 0 & 1 \end{pmatrix} \begin{pmatrix} u_1 \\ u_2 \\ 1 \end{pmatrix} = \begin{pmatrix} u_1 u_1 + u_2 u_2 \\ v_1 u_1 + v_2 u_2 \\ 1 \end{pmatrix} = \begin{pmatrix} |\boldsymbol{u}|^2 \\ \boldsymbol{v} \cdot \boldsymbol{u} \\ 1 \end{pmatrix} = \begin{pmatrix} 1 \\ 0 \\ 1 \end{pmatrix} \boldsymbol{u} \Rightarrow x \tag{2-75}$$

$$\begin{pmatrix} u_1 & u_2 & 0 \\ v_1 & v_2 & 0 \\ 0 & 0 & 1 \end{pmatrix} \begin{pmatrix} v_1 \\ v_2 \\ 1 \end{pmatrix} = \begin{pmatrix} u_1 v_1 + u_2 v_2 \\ v_1 v_1 + v_2 v_2 \\ 1 \end{pmatrix} = \begin{pmatrix} \boldsymbol{u} \cdot \boldsymbol{v} \\ |\boldsymbol{v}|^2 \\ 1 \end{pmatrix} = \begin{pmatrix} 0 \\ 1 \\ 1 \end{pmatrix} \boldsymbol{v} \Rightarrow y \tag{2-76}$$

所以该变换的变换矩阵就是 $\boldsymbol{R}$。

3. 旋转矩阵的特性

当以 $u_2 v_1 < 0$ 时，上述变换矩阵 $\boldsymbol{R}$ 实际上代表一个旋转变换，称为旋转矩阵。

（1）逆变换。$\boldsymbol{R}^{-1} = \boldsymbol{R}^{\mathrm{T}}$。这是因为：

$$\begin{pmatrix} u_1 & v_1 & 0 \\ u_2 & v_2 & 0 \\ 0 & 0 & 1 \end{pmatrix} \begin{pmatrix} 1 \\ 0 \\ 1 \end{pmatrix} = \begin{pmatrix} u_1 \\ u_2 \\ 1 \end{pmatrix} x \Rightarrow \boldsymbol{u} \tag{2-77}$$

$$\begin{pmatrix} u_1 & v_1 & 0 \\ u_2 & v_2 & 0 \\ 0 & 0 & 1 \end{pmatrix} \begin{pmatrix} 0 \\ 1 \\ 1 \end{pmatrix} = \begin{pmatrix} v_1 \\ v_2 \\ 1 \end{pmatrix} y \Rightarrow \boldsymbol{v} \tag{2-78}$$

实际上，旋转变换的逆变换也是一个旋转变换。

（2）正交性。行向量 $\boldsymbol{u}=(u_1, u_2)$ 和 $\boldsymbol{v}=(v_1, v_2)$ 是正交的单位向量组。列向量 $\boldsymbol{u}'=(u_1, v_1)$ 和 $\boldsymbol{v}'=(u_2, v_2)$ 也是正交的单位向量组。因为由 $\boldsymbol{R}^{-1}=\boldsymbol{R}^T$ 可知 $\boldsymbol{R}^T \times \boldsymbol{R}=\boldsymbol{I}$，即

$$\begin{pmatrix} u_1 & v_1 & 0 \\ u_2 & v_2 & 0 \\ 0 & 0 & 1 \end{pmatrix} \begin{pmatrix} u_1 & u_2 & 0 \\ v_1 & v_2 & 0 \\ 0 & 0 & 1 \end{pmatrix} = \begin{pmatrix} u_1^2 + v_1^2 & u_1u_2 + v_1v_2 & 0 \\ u_2u_1 + v_2v_1 & u_2^2 + v_2^2 & 0 \\ 0 & 0 & 1 \end{pmatrix} = \begin{pmatrix} 1 & 0 & 0 \\ 0 & 1 & 0 \\ 0 & 0 & 1 \end{pmatrix} \quad (2\text{-}79)$$

所以 $u_1^2 + v_1^2 = u_2^2 + v_2^2 = 1$，$u_1u_2 + v_1v_2 = 0$，即 $|\boldsymbol{u}'| = |\boldsymbol{v}'| = 1$，$u' \cdot v' = 0$。

三、二维图形的裁剪

裁剪是从图形集合中抽取所需具体信息的过程，它是计算机图形学中的基础。最常见的应用是对超出显示窗口的图形进行截取，然后把窗口内的可见部分显示出来。

裁剪算法有二维和三维之分，被裁剪的对象可以是规则形体，也可以是不规则形体，裁剪算法可用硬件实现，也可用软件实现，以下介绍二维裁剪算法。

（一）二维裁剪算法的步骤

设已给一个规则的裁剪窗口，如图 2-27 所示[①]，其四条边分别与设备坐标系的坐标轴平行，x_L、x_R、y_B、y_T 分别为窗口左、右、下、上四边的 x、y 的坐标值。图形的裁剪就是确定哪些点、线段或线段的一部分位于裁剪窗口之内，并把它们显示出来，而画面的其余部分被裁去。

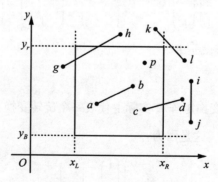

图 2-27　二维裁剪窗口

由图 2-27 可知，图形中的点和线段按其裁剪口的位置可分为三类。

第一，完全可见。此时，图形中的点或线段的坐标 (x, y) 满足：$x_L \leqslant x \leqslant x_R$，$y_B \leqslant y \leqslant y_T$。如图 2-27 中的点 p 和线段 ab。

① 朱方生，李订芳．计算机图形与图像处理技术［M］．武汉：武汉大学出版社，2005：102．

第二，完全不可见。设线段的两个端点为 (x_s, y_s) 和 (x_e, y_e)，当线段的两个端点同时位于裁剪窗口的左边，或右边，或上面，或下面时，其必为完全不可见，例如，图 2-27 中的线段 ij。但其逆命题并不成立。例如，图 2-27 中的线段 kl，它是完全不可见的，但并不满足上述条件。因此，线段两端点同时位于窗口一侧的完全不可见线段又称为显然不可见线段。

第三，部分可见。线段的端点有一个位于裁剪窗口内，或线段与窗口边有交点，称为部分可见。例如，图 2-27 中的线段 cd 和线段 gh。

由以上分析，可以得出二维裁剪算法的基本步骤。

第 1 步，判断线段两端点是否同时满足 $x_L \leq x_e$，$x_s \leq x_R$，$y_B \leq y_e$，$y_s \leq y_T$，若是，则线段为完全可见，并将其显示。

第 2 步，否则，判断线段的两个端点是否同时满足：

$$
\begin{cases} x_s < x_L \\ x_e < x_L \end{cases} 或 \begin{cases} x_s > x_R \\ x_e > x_R \end{cases} 或 \begin{cases} y_s < y_B \\ y_e < y_B \end{cases} 或 \begin{cases} y_s > y_T \\ y_e > y_T \end{cases} 。
$$

若是，则为不可见线段，舍弃该线段。

第 3 步，否则，进行求交运算，找出部分可见线段。

目前的大多数裁剪算法都采用了与上述算法步骤类似的判定过程，主要是在如何处理第三步时，显示了各自的特点。

（二）矢量裁剪法

仍设裁剪窗口的 4 条边界为 $x = x_L$，$x = x_R$，$y = y_T$，$y = y_B$，某条待裁矢量线段为 $\overrightarrow{AB}$，起点 A 和终点 B 的坐标分别为 (a_0, b_0) 和 (a_1, b_1)，如图 2-28 所示[①]。

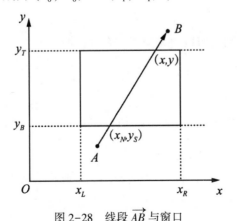

图 2-28　线段 $\overrightarrow{AB}$ 与窗口

---

① 朱方生，李订芳. 计算机图形与图像处理技术［M］. 武汉：武汉大学出版社，2005：103.

1. 矢量裁剪法的思想

线段裁剪的任务就是要找出该线段落在裁剪窗口内或边界上的起点和终点的坐标。

矢量裁剪算法的基本思想是：先以点 A 为起点进行判断或进行求交运算，所得交点的坐标保存在点 $(x_s,\ y_s)$ 中，然后再把矢量倒过来，以点 B 为始点，用同样的判断方法与求交运算程序求得交点坐标 $(x_e,\ y_e)$；最后输出从点 $(x_s,\ y_s)$ 到点 $(x_e,\ y_e)$ 之间的线段。

2. 矢量裁剪法的步骤

以矢量 $\overrightarrow{AB}$ 的起点 A 为例，简述矢量裁剪法的步骤。

（1）当 $x_L \leqslant a_0 \leqslant x_R$ 时。

第一，若 $y_B \leqslant b_0 \leqslant y_T$，则点 A 在窗口内，此时 $x_s = a_0$，$y_s = b_0$。

第二，否则，若 $b_0 < y_B$。

若 $b_1 < y_B$，则与窗口边无交点，舍弃。否则，用下述求交公式求交点坐标：

$$\begin{cases} x = a_0 + (y_B - b_0)(a_1 - a_0)/(b_1 - b_0) \\ y = y_B \end{cases} \tag{2-80}$$

若 $x_L \leqslant x \leqslant x_R$，则 $x_s = x$，$y_s = y$。

第三，否则，若 $b_0 > y_T$。

若 $b_1 > y_T$，则与窗口边无交点，舍弃。否则，用下述求交公式求交点坐标：

$$\begin{cases} x = a_0 + (y_T - b_0)(a_1 - a_0)/(b_1 - b_0) \\ y = y_T \end{cases} \tag{2-81}$$

若 $x_L \leqslant x \leqslant x_R$，则 $x_s = x$，$y_s = y$。

（2）当 $a_0 < x_L$ 时。

第一，若 $a_1 < x_L$，则与窗口边无交点，舍弃。

第二，否则，须求交点：

$$\begin{cases} x = x_L \\ y = b_0 + (x_L - a_0)(b_1 - b_0)/(a_1 - a_0) \end{cases} \tag{2-82}$$

若 $y_B \leqslant y \leqslant y_T$，则 $x_s = x$，$y_s = y$。

否则（$y < y_B$ 或 $y > y_T$），若 $y_B \leqslant b_0 \leqslant y_T$，则所求交点无效，舍弃，如图 2-29[①]（$a$）所示。

否则，若 $y < y_B$ 且 $b_0 < y_B$，转（1）中第二，进一步判断、求交，如图 2-29（b）

———————————
① 朱方生，李订芳.计算机图形与图像处理技术［M］.武汉：武汉大学出版社，2005：104.

所示。

　　否则，若 $y > y_T$ 且 $b_0 > y_T$，则转（1）中第三，进一步判断、求交，如图 2-29（c）所示。

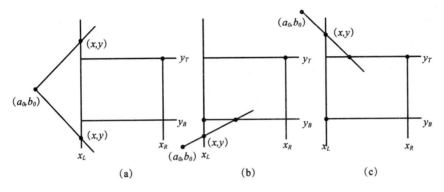

图 2-29　线段与窗口边界相交情况

　　（3）当 $a_0 > x_R$ 时与（2）类似，求出矢量 $\overrightarrow{AB}$ 与右边框的交点。

第三节　三维图形的投影变换与剪裁

一、三维图形的平行投影变换

　　投影法是用平面图形表达空间物体的一种方法。当投射中心距离投影平面无限远时，其投射线相互平行，所得的投影为平行投影。平行投影有两种：一种是正平行投影，即投射方向垂直于投影面，如正投影、正轴测投影；另一种是斜平行投影，即投射方向倾斜于投影面，如斜轴测投影。

（一）三维图形的正投影变换

　　正投影变换就是用正投影法产生三视图以及其他的基本视图。这里以长方体为例，仅介绍生成三视图的投影变换。其他视图的生成可参考完成。

1. 主视图的变换矩阵

　　主视图是将物体向 V 面进行正投影得到的，如图 2-30 所示[1]。

———————————

① 杜淑幸. 计算机图形学基础与 CAD 开发 [M]. 西安：西安电子科技大学出版社，2018：179.

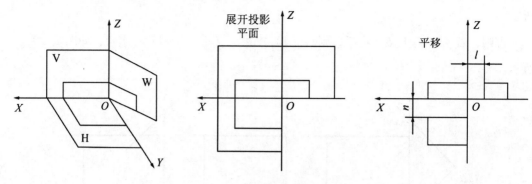

图 2-30　物体三视图的形成

此时 $y=0$，其他坐标不变，其变换矩阵为：

$$T_v = \begin{bmatrix} 1 & 0 & 0 & 0 \\ 0 & 0 & 0 & 0 \\ 0 & 0 & 1 & 0 \\ 0 & 0 & 0 & 1 \end{bmatrix} \qquad (2\text{-}83)$$

2. 俯视图的变换矩阵

俯视图是将物体绕 X 轴旋转 $90°$，再向 V 面做正投影，然后沿 Z 轴平移 $-n$（使俯视图与主视图拉开一定距离）而得到的其变换矩阵为：

$$\begin{aligned}
T_H &= \begin{bmatrix} 1 & 0 & 0 & 0 \\ 0 & \cos(-90°) & \sin(-90°) & 0 \\ 0 & -\sin(-90°) & \cos(-90°) & 0 \\ 0 & 0 & 0 & 1 \end{bmatrix} \cdot \begin{bmatrix} 1 & 0 & 0 & 0 \\ 0 & 0 & 0 & 0 \\ 0 & 0 & 1 & 0 \\ 0 & 0 & 0 & 1 \end{bmatrix} \cdot \begin{bmatrix} 1 & 0 & 0 & 0 \\ 0 & 1 & 0 & 0 \\ 0 & 0 & 1 & 0 \\ 0 & 0 & -n & 1 \end{bmatrix} \\
&= \begin{bmatrix} 1 & 0 & 0 & 0 \\ -1 & 0 & -1 & 0 \\ 0 & 0 & 0 & 0 \\ 0 & 0 & -n & 1 \end{bmatrix}
\end{aligned}$$

$$(2\text{-}84)$$

俯视图也可以通过先将物体向 H 面投影，然后绕 X 轴旋转 $-90°$，再沿 Z 轴平移 $-n$（使俯视图与主视图拉开一定距离）而得到。

3. 左视图的变换矩阵

左视图是将物体绕 Z 轴旋转 $90°$，再向 V 面做正投影，然后沿 X 轴平移 $-l$（使左视图与主视图保持一定距离）得到的。其变换矩阵为：

$$T_{\mathrm{H}} = \begin{bmatrix} \cos(90°) & \sin(90°) & 0 & 0 \\ -\sin(-90°) & \cos(90°) & 0 & 0 \\ 0 & 0 & 1 & 0 \\ 0 & 0 & 0 & 1 \end{bmatrix} \cdot \begin{bmatrix} 1 & 0 & 0 & 0 \\ 0 & 0 & 0 & 0 \\ 0 & 0 & 1 & 0 \\ 0 & 0 & 0 & 1 \end{bmatrix} \cdot \begin{bmatrix} 1 & 0 & 0 & 0 \\ 0 & 1 & 0 & 0 \\ 0 & 0 & 1 & 0 \\ -l & 0 & 0 & 1 \end{bmatrix}$$

$$= \begin{bmatrix} 1 & 0 & 0 & 0 \\ -1 & 0 & 0 & 0 \\ 0 & 0 & 1 & 0 \\ -l & 0 & 0 & 1 \end{bmatrix}$$

$$(2-85)$$

左视图也可以通过先将物体向 W 面投影，然后绕 Z 轴旋转 90°，再沿 X 轴平移 $-l$（使左视图与主视图保持一定距离）而得到。

用计算机绘制物体的三视图时，是先将物体的点集进行上述的投影变换，得到三视图的新点集，然后按一定的连线顺序绘制出三视图。

(二) 三维图形的正轴侧投影变换

根据正轴测图的形成过程，将 V 面设为轴侧投影面，空间物体相对 V 面放正作为初始位置，然后把物体绕 Z 轴旋转 θ_z，再绕 X 轴旋转 $-\theta_z$，最后向 V 面做正投影就可得到。其变换矩阵为：

$$T_{\mathrm{H}} = \begin{bmatrix} \cos\theta_z & \sin\theta_z & 0 & 0 \\ -\sin\theta_z & \cos\theta_z & 0 & 0 \\ 0 & 0 & 1 & 0 \\ 0 & 0 & 0 & 1 \end{bmatrix} \cdot \begin{bmatrix} 1 & 0 & 0 & 0 \\ 0 & \cos\theta_z & -\sin\theta_z & 0 \\ 0 & \sin\theta_z & \cos\theta_z & 0 \\ 0 & 0 & 01 & \end{bmatrix} \cdot \begin{bmatrix} 1 & 0 & 0 & 0 \\ 0 & 0 & 0 & 0 \\ 0 & 0 & 1 & 0 \\ 0 & 0 & 0 & 1 \end{bmatrix}$$

$$= \begin{bmatrix} \cos\theta_z & 0 & -\sin\theta_z\sin\theta_z & 0 \\ -\sin\theta_z & 0 & -\cos\theta_z\sin\theta_z & 0 \\ 0 & 0 & 0 & 0 \\ 0 & 0 & 0 & 1 \end{bmatrix}$$

$$(2-86)$$

1. 正等轴测图的变换矩阵

正等轴测图形成时，$\theta_z = 45°$，$\theta_x = 35°16' = 35.26°$，将它们代入 $T_{正}$ 中，则变换矩阵为：

$$T_{正等测} = \begin{bmatrix} 0.7071 & 0 & -0.4082 & 0 \\ -0.7071 & 0 & -0.4082 & 0 \\ 0 & 0 & 0.8165 & 0 \\ 0 & 0 & 0 & 1 \end{bmatrix} \tag{2-87}$$

2. 正二等轴测图的变换矩阵

正二等轴测图形成时，$\theta_z = 20°42' = 20.7°$，$\theta_x = 19°28' = 19.47°$，代入 $T_{正}$ 中，则变换矩阵为：

$$T_{正二等测} = \begin{bmatrix} 0.9345 & 0 & -0.1178 & 0 \\ -0.3535 & 0 & -0.3118 & 0 \\ 0 & 0 & 0.9428 & 0 \\ 0 & 0 & 0 & 1 \end{bmatrix} \tag{2-88}$$

（三）三维图形的斜轴侧投影变换

斜轴测投影属于斜平行投影，即投影方向不垂直于投影面的平行投影。

斜平行投影的变换矩阵为：

$$T = \begin{bmatrix} 1 & 0 & 0 & 0 \\ -S_{xp} & 0 & -S_{zp} & 0 \\ 0 & 0 & 1 & 0 \\ 0 & 0 & 0 & 1 \end{bmatrix} \tag{2-89}$$

斜平行投影具有平行投影的通用性，因此其变换矩阵也可用于正平行投影变换。

用斜平行投影可以绘制斜轴测图，如斜二等轴测图、斜等轴测图。

二、三维图形的透视投影变换

透视投影采用中心投影法的原理。用中心投影法画出的投影图称为透视图，投影中心称为视点。透视图是模拟眼睛观察物体的过程，与人眼看物体的情况很相似，因而立体感较强，常用于艺术、建筑设计等领域。

（一）透视投影与主灭点

进行透视投影时，一般把投影面放在视点（观察者）与物体之间，由视点向物体发出的投射线与投影面的交点形成物体的透视图。

1. 透视投影特性

（1）空间线段的透视投影均被缩短，距投影面越远，缩短得越厉害。

（2）空间相交直线的透视投影必然相交，投影的交点就是空间交点的投影。

（3）任何一束平行线，只要不平行于投影面，它们的透视投影将汇集于一点，该点称为灭点。

（4）一束平行线平行于投影面，其透视投影也平行。

2. 主灭点与透视投影的种类

在透视投影中，物体上与坐标轴平行的轮廓线的灭点称为主灭点。主灭点最多可以有三个。按主灭点数目的多少，透视投影分为一点透视、两点透视和三点透视三种。相应的透视图分别称为一点透视图、两点透视图和三点透视图。

（二）点的透视变换

先从最简单的一个点的透视投影来研究。

在图 2-31[①] 中，设物体上有一点 P，投影面为 XOZ 坐标面，在 Y 轴上有一视点 V_P（0，y_{VP}，0），V_P 和 P 点的连线与投影面相交于 P^*，P^* 就是 P 点的透视投影，其变换矩阵推导如下：

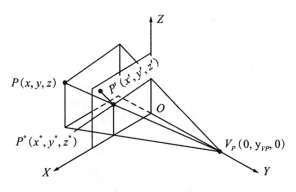

图 2-31　透视变换

投射线 PV_P 的参数方程为：

$$\begin{cases} X = 0 + (x - 0)t \\ Y = y_{V_p} + (y - y_{V_p})t \\ Z = 0 + (z - 0)t \end{cases} \tag{2-90}$$

投射线与 XOZ 投影面交于 P^* 点，此时 $Y=0$，从而得到 $t = \dfrac{y_{V_p}x}{y_{V_p} - y}$，把 t 代入投射线

---

① 杜淑幸. 计算机图形学基础与 CAD 开发［M］. 西安：西安电子科技大学出版社，2018：183.

方程得：

$$
\begin{cases}
x^* = xt = \dfrac{y_{V_P} x}{y_{V_P} - y} = \dfrac{x}{1 - y/y_{V_P}} \\[3mm]
y^* = 0 \\[3mm]
z^* = zt = \dfrac{y_{V_P} z}{y_{V_P} - y} = \dfrac{z}{1 - y/y_{V_P}}
\end{cases}
\tag{2-91}
$$

写成变换矩阵为：

$$
\boldsymbol{T}_{V_P} =
\begin{bmatrix}
1 & 0 & 0 & 0 \\
0 & 0 & 0 & \dfrac{-1}{y_{V_P}} \\
0 & 0 & 1 & 0 \\
0 & 0 & 0 & 1
\end{bmatrix}
\tag{2-92}
$$

它可以看作先进行透视变换：

$$
\boldsymbol{T}_P =
\begin{bmatrix}
1 & 0 & 0 & 0 \\
0 & 1 & 0 & \dfrac{-1}{y_{V_P}} \\
0 & 0 & 1 & 0 \\
0 & 0 & 0 & 1
\end{bmatrix}
\tag{2-93}
$$

再向 XOZ 投影面做正投影变换：

$$
\boldsymbol{T}_V =
\begin{bmatrix}
1 & 0 & 0 & 0 \\
0 & 0 & 0 & 0 \\
0 & 0 & 1 & 0 \\
0 & 0 & 0 & 1
\end{bmatrix}
\tag{2-94}
$$

两者的合成就是点的透视投影变换矩阵 $\boldsymbol{T}_{V_P} \circ \boldsymbol{T}_P$ 就是以 $V_P (0, y_{VP}, 0)$ 为视点、V 面为投影面得到的透视变换矩阵，它是我们下面研究各种透视变换的基本变换矩阵。

点 $P (x, y, z)$ 经透视变换矩阵 $\boldsymbol{T}_P$ 变换得：

$$
\begin{bmatrix} x & y & z & 1 \end{bmatrix} \boldsymbol{T}_P = \begin{bmatrix} x & y & z & \dfrac{y_{V_P} - y}{y_{V_P}} \end{bmatrix} \xrightarrow{\text{正常化}} \begin{bmatrix} \dfrac{xy_{V_P}}{y_{V_P} - y} & \dfrac{yy_{V_P}}{y_{V_P} - y} & \dfrac{zy_{V_P}}{y_{V_P} - y} & 1 \end{bmatrix}
$$

$$
= \begin{bmatrix} x' & y' & z' & 1 \end{bmatrix}
\tag{2-95}
$$

这里的 y' 对判断可见性，也就是处理隐藏线有用，它是一个深度坐标。画投影图时，还要做正投影变换，使 $y' = 0$，而此时 x'、z' 不变，并与 x^*、z^* 分别相等，故可直接取

x'、z' 坐标画图。

（三）立体的透视图

1. 一点透视变换

在实际产生透视图时，为了方便地输入物体的数据，一般地，物体的初始位置放在原点，如图 2-32 所示[①]，其主要表面与投影面平行。

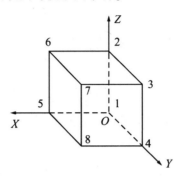

图 2-32　立方体的初始位置

为增强透视图的立体感，通常将物体置于 V 面后，H 面（水平投影面）下。故一点透视变换是先把物体平移到合适的位置，然后进行透视变换。这时物体上只有一组棱线不平行于投影面，这组棱线的透视投影出现灭点，形成一点透视，其变换矩阵为：

$$T_1 = \begin{bmatrix} 1 & 0 & 0 & 0 \\ 0 & 1 & 0 & 0 \\ 0 & 0 & 1 & 0 \\ l & m & n & 1 \end{bmatrix} \cdot \begin{bmatrix} 1 & 0 & 0 & 0 \\ 0 & 1 & 0 & \dfrac{-1}{y_{V_P}} \\ 0 & 0 & 1 & 0 \\ 0 & 0 & 0 & 1 \end{bmatrix} = \begin{bmatrix} 1 & 0 & 0 & 0 \\ 0 & 1 & 0 & \dfrac{-1}{y_{V_P}} \\ 0 & 0 & 1 & 0 \\ l & m & n & 1-\dfrac{m}{y_{V_P}} \end{bmatrix} \quad (2-96)$$

2. 两点透视变换

为了使物体的透视投影产生两个灭点，应使物体在初始位置的基础上绕 Z 轴转 θ 角，使物体上的 X、Y 向轮廓线与投影面倾斜。为获得较好的投影效果，两点透视变换为先平移物体，再旋转，最后进行透视变换。其变换矩阵为：

---

① 杜淑幸．计算机图形学基础与 CAD 开发［M］．西安：西安电子科技大学出版社，2018：184．

$$T_2 = \begin{bmatrix} 1 & 0 & 0 & 0 \\ 0 & 1 & 0 & 0 \\ 0 & 0 & 1 & 0 \\ l & m & n & 1 \end{bmatrix} \cdot \begin{bmatrix} \cos\theta & \sin\theta & 0 & 0 \\ -\sin\theta & \cos\theta & 0 & 0 \\ 0 & 0 & 1 & 0 \\ 0 & 0 & 0 & 1 \end{bmatrix} \cdot \begin{bmatrix} 1 & 0 & 0 & 0 \\ 0 & 1 & 0 & \dfrac{-1}{y_{V_P}} \\ 0 & 0 & 1 & 0 \\ 0 & 0 & 0 & 1 \end{bmatrix}$$

$$= \begin{bmatrix} \cos\theta & \sin\theta & 0 & -\dfrac{\sin\theta}{y_{V_P}} \\ -\sin\theta & \cos\theta & 0 & -\dfrac{\cos\theta}{y_{V_P}} \\ 0 & 0 & 1 & 0 \\ l\cos\theta - m\sin\theta & l\sin\theta + m\cos\theta & n & \dfrac{y_{V_P} - l\sin\theta - m\cos\theta}{y_{V_P}} \end{bmatrix} \tag{2-97}$$

3. 三点透视变换

三点透视变换是物体先绕 Z 轴转 θ 角，再绕 X 轴转 φ 角，然后适当平移，再做透视变换得到。其变换矩阵为：

$$T_3 = \begin{bmatrix} \cos\theta & \sin\theta & 0 & 0 \\ -\sin\theta & \cos\theta & 0 & 0 \\ 0 & 0 & 1 & 0 \\ l & m & n & 1 \end{bmatrix} \cdot \begin{bmatrix} 1 & 0 & 0 & 0 \\ 0 & \cos\varphi & \sin\varphi & 0 \\ 0 & -\sin\varphi & \cos\varphi & 0 \\ 0 & 0 & 0 & 1 \end{bmatrix} \cdot \begin{bmatrix} 1 & 0 & 0 & 0 \\ 0 & 1 & 0 & 0 \\ 0 & 0 & 1 & 0 \\ l & m & n & 1 \end{bmatrix} \cdot \begin{bmatrix} 1 & 0 & 0 & 0 \\ 0 & 1 & 0 & \dfrac{-1}{y_{V_P}} \\ 0 & 0 & 1 & 0 \\ 0 & 0 & 0 & 1 \end{bmatrix}$$

$$= \begin{bmatrix} \cos\theta & \sin\theta\cos\varphi & \sin\theta\sin\varphi & \dfrac{-\sin\theta\cos\varphi}{y_{V_P}} \\ -\sin\theta & \cos\theta\cos\varphi & \cos\theta\sin\varphi & \dfrac{-\cos\theta\cos\varphi}{y_{V_P}} \\ 0 & -\sin\varphi & \cos\varphi & \dfrac{\sin\varphi}{y_{V_P}} \\ l & m & n & \dfrac{y_{V_P} - m}{y_{V_P}} \end{bmatrix} \tag{2-98}$$

三、三维图形的裁剪

（一）三维裁剪算法的功能

第一，识别并保留在观察体以内的部分以在输出设备中显示，所有在观察体以外的部分被丢弃。

第二，按照观察体边界平面进行裁剪。

（二）三维线段的裁剪

设某边界平面的方程为 $Ax+By+Cz+D=0$。

第一，将线段端点代入该方程，判断端点与边界的位置关系。

如果 $Ax+By+Cz+D>0$，该端点在边界以外。

如果 $Ax+By+Cz+D<0$，该端点在边界以内。

第二，两端点均在同一边界以外，舍弃；两端点均在所有边界以内，保留。

第三，其他，求交点（将直线方程和边界平面方程联立）。

（三）三维多边形面的裁剪

第一，测试物体的坐标范围：若坐标范围在所有边界内部，则保留该对象；若坐标范围在某一边界外部，则舍弃该对象。

第二，求多边形每一边与观察体边界平面的交点。

（四）三维裁剪边界的特征

如图 2-33 所示[①]。

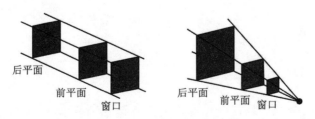

图 2-33　剪裁边界的特征

① 王志喜，王润云，龚波，等．计算机图形图像技术 ［M］．徐州：中国矿业大学出版社，2018：77-79.

第一，边界平面的方向：决定于投影类型、投影窗口、投影中心。

第二，前后面：平行于观察面，z 坐标为常数。

第三，四个侧面：方向任意，不便于计算直线与边界的交点。

第四，先投影后裁剪：裁剪前通过投影变换将观察体变成矩形管道。

（五）使用矩形管道裁剪的优越性

上下面：y 坐标为常数。

左右面：x 坐标为常数。

前后面：z 坐标为常数。

第三章
图像增强与分割技术应用

第一节 图像增强处理技术

一、图像增强处理技术的内涵与特点

在图像获取、传输等过程中，常常发生图像质量下降的现象。例如，从客观景物摄取图像，或一幅图像从一个物理介质转移到另一个物理介质，所得图像和原图像存在某种程度差别。在许多情况下，人们难于了解引起图像质量下降的具体物理过程及其数学模型，却能估计出使图像质量下降的一些可能原因，针对这些原因采取简单易行的方法，改善图像质量。例如，图像信号变弱会使图像质量下降，而采用增强对比度的方法可使图像清晰些；噪声干扰也使图像质量变差，运用平滑技术可削减噪声；一些物理器件或系统工作原理可模型化为一个积分过程，信号经过这样的器件或系统后要变模糊，可使用微分运算突出边界或其他变化的部分。

在另外一些情况下，为了便于人或机器对图像的分析和理解，需要加强图像的某些特征，并以此作为计算机对图像的预处理，为其后复杂的分析打下基础。例如，用微分技术加强区域边界以便于区分目标和背景、在遥感影像中使用伪彩色技术以提高分辨率等。

为了改善视觉效果或便于人或机器对图像的分析理解，根据图像的特点或存在的问题所采取的简单改善方法，或加强特征的措施称为图像增强。图像增强处理中一般需要人机交互，由人决定采用哪种增强技术以及确定相应的参数，通常几种增强技术综合使用效果更好。

图像增强的方法按照不同的标准可以分成不同的类别。按照图像增强的目的划分，通常有对比度增强、图像平滑、图像锐化、几何校正、同态滤波，以及彩色增强等。按照增强处理表示域的不同划分，图像的增强技术通常有两类方法：空间域增强法和频率域增强法。空间域增强法主要是在空间域中对图像像素灰度值进行运算处理，图像的频率域增强法就是在图像的某种变换域中（通常是频率域中）对图像的变换值进行某种运算处理，然后变换回空间域。例如，可以先对图像进行傅氏变换，再对图像的频谱进行某种修正（如滤波等），最后再将修正后的图像进行傅氏反变换回空间域中，从而增强该图像。按照增强处理的对象划分，可以分为点处理方法和区域处理方法。点处理方法就是处理过程每次只针对单个像素点，而区域处理方法则是针对一个小区域进行。

二、图像处理技术的评价——图像质量

讨论图像处理技术，必然要涉及图像质量问题。图像质量的评价在图像处理中是很重要的，因为有了可靠的图像质量度量方法，人们才能正确评价图像质量的好坏、处理技术的优劣及系统性能的高低。

可以从不同的方面以不同的方式评价图像质量。

在评价内容上，可以从图像的真度或理解度评价图像质量。图像的逼真度表示待评图像接近某一标准图像的程度；图像的理解度表示待评图像能够提供人或机器用于分析理解图像的信息多少。

在评价方式上，可以分为客观评价和主观评价。客观评价通过计算原图像和待评图像的差值度量来进行。主观评价方式是以人作为图像的评估者来评价图像质量的好坏。因为相当多的图像处理目的就是供人观看，更主要的是人的视觉系统相当完善，能够同时从多方面评价图像质量，所以主观评价方式是一种重要而可靠的途径。

主观评价有两种方式：绝对方式和相对方式。这两种方式都需要有评价的尺度或标准。绝对评价方式一般步骤是由观察者观看待评的图像；然后按预先规定的评价标准去评估图像质量，并且定出它的等级，最后求出该图像的平均等级 J，J 便是该图像的评价结果，平均等级为：

$$J = \sum_{K}^{i=1} n_i J_i \Big/ \sum_{K}^{i=1} n_i \tag{3-1}$$

式中：K——预先规定的等级总数；

n_i 和 J_i —— n_i 个人给该图定为 J_i 等级。

为了保证统计的可靠性，参加观测者应不少于 20 名，且在年龄层次、性别、专业能

力等方面应具有代表性。

以下为两个绝对评定标准：

第一，全优尺度：5（优——如所要求的极高质量）；4（好——可供欣赏的高质量）；3（中——尚可使用，但须改善）；2（差——勉强可用）；1（劣——不能使用）。

第二，损害尺度：1（未感觉到损害）；2（刚好感觉损害）；3（感觉到但只对图像有轻微损害）；4（对图像有损害，但图像尚悦目）；5（稍感不悦目）；6（不悦目）；7（非常不悦目）。

相对方式是让观测者观察多幅图像，根据预先规定的标准按质量的好坏将图像排出顺序或打分。不同的应用领域通常采用不同的尺度，电视专业人员使用损害尺度，一般人常采用全优尺度。不论采用哪种尺度，应使测试条件与使用条件匹配。

图像主观评价得分实际上要受图像质量、图像类型、观察者的修养及测试条件等诸方面因素综合影响。图像质量取决于各种失真以及内部参数（如电视图像的对比度、亮度）设定，观察者的修养包括心理素质及专业水平。关于诸方面因素对得分的影响，人们进行了长期深入的理论研究和实验，已提出一些数学模型，并已得到了实际应用。在图像增强技术的优劣评估或者对处理后图像的评估中，主要采用主观方法，而客观评价方法在图像恢复这个领域中使用较多。

第二节　图像的频谱变换技术

频谱变换的基本方法是频域滤波，是一种对图像的频谱域进行演算的变换，主要包括低通频域滤波和高通频域滤波。低通频域滤波通常用于滤除噪声，高通频域滤波通常用于提升图像的边缘和轮廓等特征。

一、频谱变换的基本方法——频域滤波

第一，频域滤波的公式。进行频域滤波的使用的数学表达式为 $G(u, v) = H(u, v) F(u, v)$。其中，$F(u, v)$ 是原始图像的频谱，$G(u, v)$ 是变换后图像的频谱，$H(u, v)$ 是滤波器的转移函数或传递函数，也称为频谱响应。

第二，基本步骤。对一幅灰度图像进行频域滤波的基本步骤包括：①对源图像 $f(x, y)$ 进行傅里叶正变换，得到源图像的频谱 $F(u, v)$；②用指定的转移函数 $H(u, v)$ 对 $F(u, v)$ 进行频域滤波，得到结果图像的频谱 $G(u, v)$；③对 $G(u, v)$ 进行傅里叶逆变换，得到结果图像 $g(r, y)$。

二、低通频域滤波器

对低通滤波器来说，$H(u, v)$ 应该对高频成分有衰减作用而又不影响低频分量。"滤波器是一种用来消除干扰杂讯的器件，将输入或输出经过过滤而得到纯净的直流电。"[1] 常用的低通滤波器都是零相移滤波器（频谱响应对实分量和虚分量的衰减相同），而且对频率平面的原点是圆对称的，具体如下：

（一）理想低通滤波器

理想低通滤波器的转移函数为：

$$H(u, v) = \begin{cases} 1 & d(u, v) \leqslant d_0 \\ 0 & d(u, v) > d_0 \end{cases} \tag{3-2}$$

式中：非负数 d_0——截止频率；

$d(u, v) = \sqrt{u^2 + v^2}$ ——频率平面的原点到点 (u, v) 的距离。

理想低通滤波器过滤了高频成分，高频成分的滤除使图像变模糊，但过滤后的图像往往含有"抖动"或"振铃"现象。

（二）Butterworth 低通滤波器

Butterworth 低通滤波器又称为最大平坦滤波器，n 阶 Butterworth 低通滤波器的转移函数如下：

$$H(u, v) = \frac{1}{1 + (\sqrt{2} - 1) \, [d(u, v)/d_0]^{2n}} \tag{3-3}$$

式中：非负数 d_0——截止频率；

$d(u, v) = \sqrt{u^2 + v^2}$ ——频率平面的原点到点的距离；

n——Butterworth 低通滤波器的阶数。

与理想低通滤波器相比，经 Butterworth 低通滤波器处理的图像模糊程度会大大减少，并且过滤后的图像没有"抖动"或"振铃"现象。

（三）指数低通滤波器

指数低通滤波器是图像处理中常用的一种平滑滤波器，n 阶指数低通滤波器的转移函

---

① 吴培希．有关零相数字滤波器的实现 [J]．信息系统工程，2012（4）：95．

数如下：

$$H(u, v) = \exp\left(\ln(1/\sqrt{2})\ (d(u, v)/d_0)^n\right) \tag{3-4}$$

式中：非负数 d_0——截止频率；

$d(u, v) = \sqrt{u^2 + v^2}$——频率平面的原点到点（u，v）的距离；

n——指数低通滤波器的阶数。

指数低通滤波器的平滑效果与 Butterworth 低通滤波器大致相同。

三、高通频域滤波器

高通频域滤波是加强高频成分的方法，它使高频成分相对突出，低频成分相对抑制，从而实现图像锐化。常用的高通频域滤波器有以下种类：

（一）理想高通滤波器

理想高通滤波器的转移函数如下：

$$H(u, v) = \begin{cases} 1 & d(u, v) \geqslant d_0 \\ 0 & d(u, v) < d_0 \end{cases} \tag{3-5}$$

式中：非负数 d_0——截止频率；

$d(u, v) = \sqrt{u^2 + v^2}$——频率平面的原点到点（u，v）的距离。

理想高通滤波器只保留了高频成分。

（二）Butterworth 高通滤波器

n 阶 Butterworth 高通滤波器的转移函数如下：

$$H(u, v) = \frac{1}{1 + (\sqrt{2} - 1)\ [d_0/d(u, v)]^{2n}} \tag{3-6}$$

式中：非负数 d_0——截止频率；

$d(u, v) = \sqrt{u^2 + v^2}$——频率平面的原点到点（u，v）的距离；

n——Butterworth 低通滤波器的阶数。

与理想高通滤波器相比，经 Butterworth 高通滤波器处理的图像会更平滑。

（三）指数高通滤波器

H 阶指数高通滤波器的转移函数为：

$$H(u, v) = \exp\left(\ln(1/\sqrt{2})\ (d_0/d(u, v))^n\right) \tag{3-7}$$

式中：非负数 d_0——截止频率；

$d(u, v) = \sqrt{u^2 + v^2}$——频率平面的原点到点 (u, v) 的距离；

n——指数高通滤波器的阶数。

指数高通滤波器的锐化效果与 Butterworth 高通滤波器大致相同。

第三节　基于区域、边界与纹理的图像分割技术

一、基于区域的图像分割方法

在许多情况下，图像中目标区域与背景区域的灰度或平均灰度是不同的，而目标区域和背景区域内部灰度相关性很强，这时可将灰度的均一性作为依据进行分割。最简单的处理思想是：高于某一灰度的像素划分到一个区域中，低于某灰度的像素划分到另一区域中，这种基于灰度阈值的分割方法称为灰度门限法。灰度门限法是基本的图像分割方法，是基于区域的分割方法。

(一) 灰度门限分割图像的技术方案

设给定的图像灰度 $f(x, y) \in [z_1, z_2]$，其中 z_1、z_2 是两个灰度值，运用一定的算法确定一个灰度门限，或说确定一个子集 $Z \subset [z_1, z_2]$，根据各像素灰度是否属于 Z 而将其进行分类，即

$$f(x, y) = \begin{cases} a_{xy}, & f(x, y) \in Z \\ b_{xy}, & f(x, y) \notin Z \end{cases} \tag{3-8}$$

其中，a_{xy}、b_{xy} 分别为某指定值或原灰度值 $f(x, y)$。如果 $\begin{cases} a_{xy} = 1 \\ b_{xy} = 0 \end{cases}$，则分割后的图像是二值图；如果 $\begin{cases} a_{xy} = f(x, y) \\ b_{xy} = 0 \end{cases}$ 则分割后的图像是背景干净的图像。

在实施灰度门限法时，根据图像特点，可采用如下三种主要技术方案的某一种：

1. 直接门限法

如果在目标区域和背景区域的内部，像素间的灰度大体一致而分属不同区域的像素灰

度有一定的差异，可以直接设定灰度门限进行分割。例如，含有印刷或手写文字的图像，文字显然要比纸张黑得多，可以用门限法将文字分割出来。灰度门限法可用于气泡室图像气泡轨迹的提取，航空图片中云层和地表的划分，染色体图像的分割。

2. 间接门限法

在有些情况下，需要对图像做一些必要的预处理然后再运用门限法方能有效地实现图像分割。例如，某图像只有黑色和白色两个灰度，但白点在目标区域中出现的概率比在背景区域中出现概率大，即目标区域有比背景区域更白的平均灰度，这时可以先对图像进行邻域平均运算，然后再对所得的新图运用门限法进行分割；又如，图像的目标区域中灰度变化较背景区域剧烈，此时，可以先对原图像进行拉氏或梯度运算，然后对新图使用邻域平均技术，最后再用门限法实行有效的分割。

3. 多门限法

如果一幅图像含有两个以上不同类型的区域，可以使用多个门限将这些区域分划开。有时对于只有两个类型区域的图像也要使用多门限方法。例如，图像是在照度不均条件下摄取的，若对整幅图像使用单一门限进行分割，将不会得到好的分割结果，若在图像的一边能精确地把目标点和背景点分开，而在图像另一边极可能把太多的背景点当作目标点保留下来或相反。在这种情况下，除了运用同态滤波技术校正灰度然后再用单一门限进行分割之外，还可以把图像分成若干个子图，然后分别对每个子图进行单门限分割。

提高对两类区域的图像的分割精度的另一个方法是使用两个门限 t_1、t_2，$t_1 < t_2$；选择适当 t_2 使有些目标点的灰度大于背景点的灰度均小于 t_2；选择 t_1 应使每个目标点的灰度均大于 t_1，大多数背景点灰度小于 t_1。在进行分割时，把灰度大于 t_2 的像点作为"核心的"目标点，灰度超过 t_1 且和核心目标点相邻近的像点当作目标点。由于使用了空间距离信息，通常分割效果较好。

（二）根据直方图选取图像分割门限

采用灰度作为分割标准时，图像分割门限的选择是很重要的，其正确性直接影响分割的精度及后续工作的正确性。

1. 根据直方图谷点，确定单一分割灰度门限

如果图像所含的目标区域和背景区域相比足够大，且目标区域和背景区域在灰度上有一定的差值，那么该图像的灰度直方图呈现双峰一谷状，其中一个峰顶点对应目标的中心灰度，另一个峰顶点对应背景的中心灰度，由于目标边缘点较少且其灰度介于它们之间，所以双峰之间的谷底点对应边缘的灰度，可以将谷底点的灰度作为分割门限。

确定直方图 h (f) 谷底位置的方法之一是首先找出直方图的两个最大的局部最大值，如图 3-1 所示[①]，设它们的位置分别是 z_i 和 z_j，这两点至少相距某个最小距离，并求出 z_i 和 z_j 之间直方图最低点 z_k，然后用 $h(z_k)/\min[h(z_i)，h(z_j)]$ 测度直方图的平坦性，若这个值很小，则表明直方图是双峰—谷状，可将 z_k 作为分割门限。

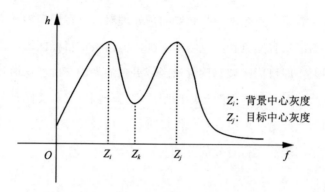

图 3-1　根据直方图确定分割门限

由于直方图的参差性，实际寻找谷底不是一个简单的过程。另一种方法是用一解析函数拟合直方图双峰之间的部分，然后再用微分的方法找出这个解析函数最小值的位置。例如，可用二次曲线 $y = ax^2 + bx + c$ 去拟合双峰之间的直方图，则 $x = -b/2a$ 可作为分割门限。

由于直方图是各灰度的像素统计，如果没有图像其他方面的知识，仅靠直方图进行分割是不可靠的。直方图是典型的双峰—谷特性，这个图像也未必含有和背景有反差的目标，例如，一幅左边是黑色而右边是白色的图像和黑白像点等随机相间分布的图像具有相同的直方图。

2. 利用直方图，确定多门限

利用直方图确定灰度门限是一个基本的方法，对于复杂图像，则很可能需要多个门限来分割。

进行多门限分割时，首先将图像划分成若干个重叠或不重叠的子图像，求出每个子图像的直方图，对呈现双峰—谷特性的直方图求出分割门限，然后根据这些门限值及它们相应像素所在位置通过插值得到一个阈值曲面，从而确定整幅图像的分割门限；或当所有子图像都是双峰—谷状，可对各子图像分别进行分割，区域边界可能在子图界线处没有对接上，这时要调整子图界线处的区域以消除因图像分块引入的伪边界。

另一种多门限分割技术可以分成以下三个步骤：

① 唐波．计算机图形图像处理基础［M］．北京：电子工业出版社，2011：265-281.

（1）对待分割图像的直方图，通过找它的差分曲线的过零点估计出各峰的宽度，由此确定平滑窗口的尺寸，对该图像的直方图进行平滑。这种方法可避免因平滑窗口过小而平滑不明显或过大而改变直方图基本特征。

（2）对平滑后的直方图求一阶差分，找出其由正变负的过零点，由此确定初始区域的个数，然后根据下面三条准则最终确定区域个数，这三条准则是：各峰具有一定灰度范围，各峰具有一定面积，各峰具有一定的峰谷比。

（3）依次在所求出的峰峰之间找出各谷点，从而可以将许多复杂图像的多个分割门限求出。

3. 统计判决方法，确定门限

当目标区域和背景区域间的平均灰度差别不大时，或其中一个区域面积较小，或由于噪声的干扰，图像灰度直方图没有明显的双峰一谷特征，这时直接对此直方图求谷点是困难的，此时可以用统计判决的方法求灰度分割门限。

（1）最小误判概率准则下最佳门限。设图像含有目标和背景，目标的平均灰度高于背景的平均灰度，目标点出现的概率为 θ，其灰度分布密度为 $p(x)$，背景点的灰度分布密度为 $q(x)$，那么这幅图像的灰度分布密度如下：

$$s(x) = \theta p(x) + (1 - \theta)q(x) \tag{3-9}$$

根据灰度门限 t 进行分割，灰度小于 t 的像点作为背景点，否则作为目标点，于是将目标点误判为背景点的概率如下：

$$\varepsilon_{12} = \int_{-\infty}^{t} p(x)\,\mathrm{d}x \tag{3-10}$$

把背景点误判为目标点的概率如下：

$$\varepsilon_{21} = \int_{t}^{+\infty} q(x)\,\mathrm{d}x \tag{3-11}$$

我们选取的门限 t 应使总的误判概率最小，即

$$\varepsilon = \theta \int_{-\infty}^{t} p(x)\,\mathrm{d}x + (1 - \theta) \int_{t}^{+\infty} q(x)\,\mathrm{d}x \tag{3-12}$$

上式对 t 求导并令结果为零，有：

$$\theta p(t) - (1 - \theta)q(t) = 0 \tag{3-13}$$

知道了 θ、$p(x)$、$q(x)$，理论上是可以求解最佳门限 t 的。对于正态分布、瑞利分布、对数正态分布，最佳门限 t 是容易求解的。例如，当：

$$p(x) = \frac{1}{\sqrt{2\pi}\sigma}\mathrm{e}^{-\frac{(x-\mu)^2}{2\sigma^2}} \tag{3-14}$$

$$q(x) = \frac{1}{\sqrt{2\pi}\tau}\mathrm{e}^{-\frac{(x-\nu)^2}{2\tau^2}} \tag{3-15}$$

将上面两式代入方程（3-13）并两边取对数，有如下：

$$\tau^2 (t - \mu)^2 - \sigma^2 (t - \nu)^2 = 2\sigma^2\tau^2\ln\frac{\tau\theta}{\sigma(1 - \theta)} \tag{3-16}$$

这是关于 t 的二次方程，可以按一般的一元二次方程求根公式求解。特别，当 $\sigma = \tau$ 时，只有一个门限如下：

$$t = \frac{\mu + v}{2} + \frac{\sigma^2}{\nu - \mu}\ln\frac{\theta}{1 - \theta} \tag{3-17}$$

又当 $\theta = 1/2$ 时，有 $t = \frac{\mu + v}{2}$。

式中的 θ、$p(x)$、$q(x)$ 通常是未知的，在实际中，可根据先验知识或直方图的形状设定目标点和背景点的灰度服从某种分布，例如服从正态分布，$p(x) \sim N(\mu, \sigma^2)$，$q(x) \sim N(v, \tau^2)$ 利用式（3-9）拟合图像直方图确定各个未知参数，然后求得最佳分割门限。

也可以采用正交投影法分解直方图为若干个正态分布之和。设直方图可以分解为一组高斯函数之和为：

$$h(x) = \sum_{i=1}^{N} K_i g(x, \mu_i, \sigma_i) \tag{3-18}$$

其中：

$$g(x, \mu_i, \sigma_i) = (2\pi\sigma_i^2)^{-\frac{1}{2}}\exp\left[-\frac{(x - \mu_i)^2}{2\sigma_i^2}\right] \tag{3-19}$$

利用释大投影原理将 $h(x)$ 分解为高斯函数之和的方法为：设 G 为高斯函数的集合，投影前在 G 中搜索最佳的高斯函数使函数的投影达到最大，令 R_0 为余值，有：

$$R_0 = h(x) - \max(\langle h(x), G(x, \mu_1, \sigma_1) \rangle)g(x, \mu_1, \sigma_1) \tag{3-20}$$

式中：符号 <x, y>——x 与 y 的内积（投影）。

用同样的方法找出 R_0 在 G 上的投影，得到 R_1，以此类推，可得到：

$$h(x) = \sum_{i=1}^{N} \langle h(x), g(x, \mu_i, \sigma_i) \rangle g(x, \mu_i, \sigma_i) + R_{N+1} \tag{3-21}$$

当 R_{N+1} 小于某一个设定值时，算法停止。

（2）最小误判概率准则下的判决不等式。若最佳灰度门限不易求出，此时可以使用判决不等式。设 $P(o)$ 和 $P(b)$ 分别表示一个像点是目标点和背景点的概率，$p(o, x)$ 和 $p(b, x)$ 分别表示一个像点是目标点和背景点且灰度为 x 的联合概率密度函数，$p(x \mid o)$ 和 $p(x \mid b)$ 分别表示一个像点是目标点和背景点条件下灰度为 x 的条件概率密度函数，$P(o \mid x)$ 和 $P(b \mid x)$ 分别表示一个像点在灰度为 x 的条件下是目标点和背景点的条件概率，$p(x)$ 表示像点具有灰度 x 的概率密度函数，由贝叶斯定理知：

$$p(o, x) = P(o)p(x \mid o) = p(x)P(o \mid x) \tag{3-22}$$

$$p(b, x) = P(b)p(x \mid b) = p(x)P(b \mid x) \tag{3-23}$$

从而有：

$$P(o \mid x) = P(o)p(x \mid o)/p(x) \tag{3-24}$$

$$P(b \mid x) = P(b)p(x \mid b)/p(x) \tag{3-25}$$

如果一个像点的灰度为 x，若：

$$P(o \mid x) > P(b \mid x) \tag{3-26}$$

根据最小误判概率准则判决其是目标点。沿用前述的符号，$p(o) = \theta$，$P(b) = 1 - \theta$，$p(x \mid o)/p(x)$，$p(x \mid b) = q(x)$，由贝叶斯定理可知，若一个像点的灰度 x 满足：

$$\theta p(x) > (1 - \theta)q(x) \tag{3-27}$$

则判该像点为目标点。这个方法原理可以推广到多于二类区域的情形。

图 3-2 分别表示两幅图像的灰度直方图及其中目标与背景以先验概率为乘积因数的灰度分布直方图，可以看出，当目标与背景的直方图形状较接近，且相距较远时，最佳判决门限与谷点差别不大；而它们形状差别较大且相距较近，可能使最佳判决门限与谷点差别较大。

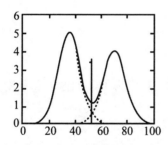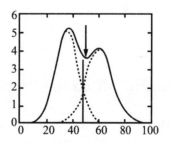

图 3-2　基于直方图的二类区域最佳灰度门限的确定

图 3-3 中，图（a）表示三种类型的目标与背景分布的情况（已被先验概率倍乘了），它们的波形不同，背景直方图中心位置也发生变化，图中箭头指出最小误判概率准则下的最佳分割门限。图（b）表示相应的混合直方图即全图像的直方图，左边两幅图表明的直方图的谷点作为门限与最佳判决指出的门限的差别；最右图由于直方图不呈现双峰一谷特性，无法找出谷点，若运用最佳判别法，可以确定分割门限。

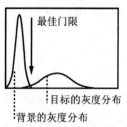 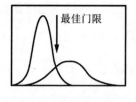 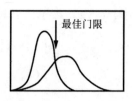

（a）目标和背景分别的灰度分布

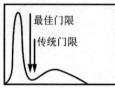 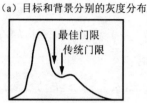 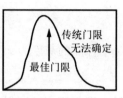

（b）图（a）对应的混合灰度直方图和最佳灰度门限

图 3-3　最小误判概率准则下的最佳门限

4. 最大类间距离准则下的最佳门限

按照类间距离极大化准则，图像可由直方图确定区域分割门限。

设图像有 L 个灰度级，灰度值是 i 的像素数为 n_i，则总的像素数如下：

$$N = \sum_{i=1}^{L} n_i \tag{3-28}$$

各灰度值出现的频率为：

$$h_i = \frac{n_i}{N} \tag{3-29}$$

设以灰度 t 为门限将图像分割成两个区域，灰度为 $1 \sim t$ 的像素和灰度为 $(t+1) \sim L$ 的像素分别构成区域 A 和 B。显然，区域 A 的像素数为 $N_1 = \sum_{i=1}^{t} n_i$，区域 B 的像素数为 $N_2 = \sum_{i=t+1}^{L} n_i$；区域 A 出现的频率为：

$$P_A = \frac{N_1}{N} = \sum_{i=1}^{t} h_i \Delta P(t) \tag{3-30}$$

区域 B 出现的频率为：

$$P_B = \frac{N_2}{N} = \sum_{i=t+1}^{L} h_i = 1 - P(t) \tag{3-31}$$

区域 A 中各灰度出现的频率为：

$$h_i^{(1)} = \frac{n_i}{N_1}, \quad i = 1, 2, \cdots, t \tag{3-32}$$

区域 B 中各灰度出现的频率为：

$$h_i^{(2)} = \frac{n_i}{N_2} \quad i = t + 1, \cdots, L \tag{3-33}$$

区域 A 和区域 B 的平均灰度分别为：

$$m_1 = \sum_{i=1}^{t} ih_i^{(1)} = \sum_{i=1}^{t} i \frac{n_i}{N_1} = \sum_{i=1}^{t} i \frac{n_i}{N} \frac{N}{N_1} = \left(\sum_{i=1}^{t} ih_i \right) / P_A(t) \Delta \frac{\mu(t)}{P(t)} \tag{3-34}$$

$$m_2 = \sum_{i=t+1}^{L} ih_i^{(2)} = \left(\sum_{i=t+1}^{L} ih_i \right) / P_B \Delta \frac{m - \mu(t)}{1 - P(t)} \tag{3-35}$$

式中，m 为全图的平均灰度，且：

$$m = \sum_{i=1}^{L} ih_i = \sum_{i=1}^{t} ih_i + \sum_{i=t+1}^{L} ih_i = P_A m_1 + P_B m_2 \tag{3-36}$$

当将 2 个区域视作 2 类时，它们的类间距离平方为：

$$S_b^2(t) = P_A (m_1 - m)^2 + P_B (m_2 - m)^2 = (mP(t) - \mu(t))^2 / P(t)(1 - P(t)) \tag{3-37}$$

在最大类间距离准则下的最佳门限的选取应使 $S_b^2(t) \Rightarrow \max$ 通过从 $1 \sim L$ 改变 t 可求得最佳灰度分割门限。

无论图像直方图有无明显的双峰特性，使用此方法都可得到较好的结果。此方法也可向多门限选择推广。

图 3-4 表示一幅图像的灰度直方图及相应的 $S_b^2(t)$ 图。由于（a）中直方图参差不齐及双峰间有一段较宽的平坦的谷，根据谷点确定门限是困难的，但从 $S_b^2(t)$ 寻找最大值却要容易得多。

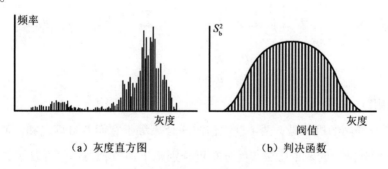

（a）灰度直方图　　　　　　　（b）判决函数

图 3-4　最大类间距离门限法

5. 最大类间类内距离比准则下的最佳门限

在上述的设定下，区域 A 和区域 B 的总的类内距离为：

$$S_w^2(t) = P_A \sum_{i=1}^{t} (i - m_1)^2 h_i^{(1)} + P_B \sum_{i=t+1}^{L} (i - m_2)^2 h_i^{(2)} \tag{3-38}$$

$$= \sum_{i=1}^{t} (i - m_1)^2 h_i + \sum_{i=t+1}^{L} (i - m_2)^2 h_i$$

最大类间类内距离比准则下的目标函数为：

$$J_f(t) = \frac{S_b^2(t)}{S_w^2(t)} = \frac{P_A(m_1 - m)^2 + P_B(m_2 - m)^2}{\sum_{i=1}^{t}(i - m_1)^2 h_i + \sum_{i=t+1}^{L}(i - m_2)^2 h_i} \Rightarrow \max \qquad (3-39)$$

仿最大类间距离准则方法，通过从 $1 \sim L$ 改变 t 可求得最佳灰度分割门限。

6. 最大熵准则下的最佳门限

我们可以运用信息论的观点和方法处理图像分割问题。由于目标和背景分布是不同的，将它们视为两个独立信源，在上述符号设定下，目标和背景的信源熵分别为：

$$H_A = -\sum_{i=1}^{t} h_i^{(1)} \lg h_i^{(1)}$$

$$H_B = -\sum_{i=++1}^{L} h_i^{(2)} \lg h_i^{(2)} \qquad (3-40)$$

选取门限 t，使它们之和取最大。H_A 与 H_B 之和：

$$H_S(t) = H_A + H_B = -\left[\sum_{i=1}^{t} h_i^{(1)} \lg h_i^{(1)} + \sum_{i=t+1}^{L} h_i^{(2)} \lg h_i^{(2)}\right]$$

$$= -\left[\sum_{i=1}^{t} \frac{n_i}{N_1} \lg \frac{n_i}{N_1} + \sum_{i=t+1}^{L} \frac{n_i}{N_2} \lg \frac{n_i}{N_2}\right]$$

$$= -\left[\sum_{i=1}^{t} \frac{n_i}{N} \frac{N}{N_1} \lg \frac{n_i}{N} \frac{N}{N_1} + \sum_{i=t+1}^{L} \frac{n_i}{N} \frac{N}{N_2} \lg \frac{n_i}{N} \frac{N}{N_2}\right] \qquad (3-41)$$

$$= -\left[\frac{1}{P_A} \sum_{i=1}^{t} h_i \lg h_i + \frac{1}{P_{B_{i=t+1}}^{L}} \sum_{i} \lg h_i\right] + \lg P_A + \lg P_B$$

$$= \frac{H(t)}{P(t)} + \frac{H - H(t)}{1 - P(t)} + \lg[P(t)(1 - P(t))]$$

所求的门限 $t*$ 应使 $H_S(t*) \Rightarrow \max$。

运用最大熵准则的机理是，两个独立信源联合熵等于它们各自熵之和，使 H_S 最大的 t 可使此时的 t 所分割出的两个区域灰度分布更分别趋于一致。当然也可以用其他观点来解释和理解。例如，从曲线拟合的观点看，这相当于用两个趋于矩形的图形来拟合原始的直方图，两个矩形的分界线作为直方图的谷底。

二、基于边界的图像分割方法

在图像中，相邻的两个类型区域的分界线称为边界，边界表明一个类型区域的终结和另一个类型区域的开始，即边界所划分的区域其内部特征属性是一致或相近的，而相邻两个区域的内部特征属性彼此是不同的，图像中相邻两个区域的特征差异正是发生在边界处。经验指出，图像中的边界往往对应景物对象的边缘，图像上的边界点或边界线正是因它们两侧反射或透射的性质不同引起的，它们对应下述物理原因：

第一，物体的棱线、物体边缘线、物体间的界线。

第二，物体表面不同的粗糙程度、不同的颜色、不同的材料。

第三，空间曲线或曲面的不连续点。

第四，物体的阴影会产生边界。

图像分割技术主要依据区域内部特征的一致性，图像分割的另一个重要途径是利用区域之间特征的差异性，如果能检测出特征差异出现之处——边界，便相应地实现了图像分割。这里所谈及的区域特征主要是指灰度，至于其他某些区域特征如形状、纹理可以通过图像变换产生新的变换值，然后将这些变换值作为相应区域像素新的"幅值"，这些幅值可理解为一种广义的灰度。

为了提取区域边界，可以对图像直接运用一阶微分算子或二阶微分算子，然后根据各像素点处的微分幅值和其他附加条件综合判定其是否为边界点。由于微分运算对噪声非常敏感，如果图像中含有噪声，若直接进行微分运算，将会出现许多虚假边界点。为了克服噪声对边界检测的影响，通常采用两种方法进行处理：曲面拟合法和平滑去噪法。曲面拟合法是用一个曲面拟合数字图像中要检测点的邻域各像素的灰度，然后再对拟合曲面运用微分算子；或用一个阶跃曲面拟合数字图像，根据其阶跃幅值判断其是否为边界点。平滑去噪法是用一个函数与图像卷积平滑噪声，然后再对卷积结果运用微分方法提取边界点集。用于平滑噪声的函数通常称为平噪或平滑函数。

由于模糊和噪声的存在，某些算法所检测到的边界可能要变宽或在某些点处发生间断，因此，边界检测包括三个基本内容：提取边界点集，剔除某些边界点和填补边界间断点。下面主要讨论边界点集提取方法。

对于某些图像，直接使用最简单的微分算法就能取得较好的结果，但对于另一些图像则必须使用相对复杂的算法才能有效，这主要根据边界的形式和复杂程度来决定。

（一）梯度模算子

在图像增强讨论中已经知道，对图像运用导数算子，灰度变化较大的点处算得的值较大，而这些灰度变化较大的点通常就是边界点。所以，导数算子可以作为边界检测算子，并通常将这些导数值作为相应点的"边界强度"，它反映相应像素点是边界点的可能性。边界点集的提取采用门限判断的方法。

设图像为 $f(x, y)$，简单的导数算子是一阶偏导数 $\partial f/\partial x$、$\partial f/\partial y$，它们分别给出了灰

度 f 在 x 和 y 方向上的变化率，而方向 a 上的灰度变化率为：

$$\frac{\partial f}{\partial \alpha} = \frac{\partial f}{\partial x}\cos\alpha + \frac{\partial f}{\partial y}\sin\alpha \qquad (3\text{-}42)$$

在连续情况下，函数微分 $\mathrm{d}f = \frac{\partial f}{\partial x}\mathrm{d}x + \frac{\partial f}{\partial y}\mathrm{d}y$ 对于数字图像，函数微分和导数无本质差别，并且用差分代替它们，可以运用前向差分、后向差分或中心差分。一阶后向差分和方向差分为：

$$\Delta_x f(i, j) = f(i, j) - f(i - 1, j) \qquad (3\text{-}43)$$

$$\Delta_y f(i, j) = f(i, j) - f(i, j - 1) \qquad (3\text{-}44)$$

$$\Delta_a f(i, j) = \Delta_x f(i, j)\cos\alpha + \Delta_y f(i, j)\sin\alpha \qquad (3\text{-}45)$$

函数 $f(x, y)$ 点处的方向导数取得最大值的方向是 $\arctan\left(\frac{\partial f}{\partial y}\middle/\frac{\partial f}{\partial x}\right)$，而该点方向导数模的最大值是 $\sqrt{\left(\frac{\partial f}{\partial x}\right)^2 + \left(\frac{\partial f}{\partial y}\right)^2}$，同时具有这个方向和模的矢量称为函数的梯度，即 $\nabla f(x, y) = \left(\frac{\partial f}{\partial x}, \frac{\partial f}{\partial y}\right)'$ 从而，定义梯度模算子：

$$G[f(x, y)] = \sqrt{\left(\frac{\partial f}{\partial x}\right)^2 + \left(\frac{\partial f}{\partial y}\right)^2} \qquad (3\text{-}46)$$

它能以相同的灵敏度检测任意方向上的边界，算式 $\arctan\left(\frac{\partial f}{\partial y}\middle/\frac{\partial f}{\partial x}\right)$ 给出了边界的法向信息。对于数字图像，梯度模算子定义为：

$$G[f(i, j)] = [(\Delta_x f(i, j))^2 + (\Delta_y f(i, j))^2]^{1/2} \qquad (3\text{-}47)$$

为运算方便，在有些情况下使用下列的梯度模近似计算式：

$$G[f(i, j)] = |\Delta_x f(i, j)| + |\Delta_y f(i, j)| \qquad (3\text{-}48)$$

$$G[f(i, j)] = \max[|\Delta_x f(i, j)|, |\Delta_y f(i, j)|] \qquad (3\text{-}49)$$

$$G[f(i, j)] = \max c|f(i, j) - f(k, l)| \qquad (3\text{-}50)$$

式中：(k, l) —— (i, j) 的邻点，当其是四邻点时，取 $c = 1$；当其是对角邻点时，取 $c = \frac{1}{\sqrt{2}}$。

上述的每个近似计算式对于各种取向的边界不再是等灵敏的，并且对于一些取向的边界，上述各计算式给出的"边界强度"也不同。式（3-47）、式（3-48）、式（3-49）和式（3-50）之间有如下关系：

$$\max\left[\,|\,\Delta_x f\,|,\ |\,\Delta_y f\,|\,\right] \leqslant \left[(\Delta_x f)^2 + (\Delta_y f)^2\right]^{\frac{1}{2}} \leqslant |\,\Delta_x f\,| + |\,\Delta_y f\,|$$

$$\frac{|\,\Delta_x f\,| + |\,\Delta_y f\,|}{\sqrt{2}} \leqslant \left[(\Delta_x f)^2 + (\Delta_y f)^2\right]^{\frac{1}{2}} \leqslant \sqrt{2}\max\left[\,|\,\Delta_x f\,|,\ |\,\Delta_y f\,|\,\right]$$

(3-51)

（二）罗伯茨梯度模算子

由梯度性质知，可取任一相互垂直的两个方向上的导数计算梯度，罗伯茨梯度采用点 $(i,\ j)$ 的对角方向相邻像点的向前或向后差分来估计点 $\left(i+\dfrac{1}{2},\ j+\dfrac{1}{2}\right)$ 或 $\left(i-\dfrac{1}{2},\ j-\dfrac{1}{2}\right)$ 处的梯度，点 $(i,\ j)$ 对角方向的向前和向后差分分别为：

$$\begin{cases}\Delta_x f = f(i,\ j) - f(i+1,\ j+1) \\ \Delta_y f = f(i+1,\ j) - f(i,\ j+1)\end{cases}$$

$$\begin{cases}\Delta_x f = f(i,\ j) - f(i-1,\ j-1) \\ \Delta_y f = f(i-1,\ j) - f(i,\ j-1)\end{cases}$$

(3-52)

可按式（3-46）、式（3-47）或式（3-48）计算罗伯茨梯度的幅值。例如，向前罗伯茨梯度模算子定义有如下三种方式：

第一，$G\left[f(i,\ j)\right] = \left[\,|\,f(i,\ j) - f(i+1,\ j+1)\,|^2 + |\,f(i+1,\ j) - f(i,\ j+1)\,|^2\right]^{\frac{1}{2}}$。

第二，$G\left[f(i,\ j)\right] = |\,f(i,\ j) - f(i+1,\ j+1)\,| + |\,f(i+1,\ j) - f(i,\ j+1)\,|$。

第三，$G\left[f(i,\ j)\right] = \max\left[\,|\,f(i,\ j) - f(i+1,\ j+1)\,|,\ |\,f(i+1,\ j) - f(i,\ j+1)\,|\,\right]$。

（三）具有平滑作用的一阶偏导算子

下面的五个算子由于在小的子域中先求和然后差分，所以具有平滑噪声的作用。设图像 f 的 3×3 子域中像素编号如下：

$$\begin{matrix} A_0 & A_1 & A_2 \\ A_7 & f(i,\ j) & A_3 \\ A_6 & A_5 & A_4 \end{matrix}$$

(3-53)

1. Prewitt 算子

令：

$$X = (A_0 + A_1 + A_2) - (A_6 + A_5 + A_4)$$
$$Y = (A_0 + A_7 + A_6) - (A_2 + A_3 + A_4)$$

(3-54)

则 Prewitt 算子为：

$$G[f(i, j)] = (X^2 + Y^2)^{\frac{1}{2}} \tag{3-55}$$

或:

$$G[f(i, j)] = |X| + |Y| \tag{3-56}$$

或:

$$G[f(i, j)] = \max[|X|, |Y|] \tag{3-57}$$

将 Prewitt 算子写成矩阵算子为:

$$\begin{pmatrix} 1 & 1 & 1 \\ 0 & 0 & 0 \\ -1 & -1 & -1 \end{pmatrix} \begin{pmatrix} 1 & 0 & -1 \\ 1 & 0 & -1 \\ 1 & 0 & -1 \end{pmatrix} \tag{3-58}$$

2. Sobel 算子

令:

$$X = (A_0 + 2A_1 + A_2) - (A_6 + 2A_5 + A_4)$$
$$Y = (A_0 + 2A_7 + A_6) - (A_2 + 2A_3 + A_4) \tag{3-59}$$

具有加权性质的 Sobel 算子为:

$$G[f(i, j)] == (X^2 + Y^2)^{1/2} \tag{3-60}$$

或:

$$G_1[f(i, j)] = |X| + |Y| \tag{3-61}$$
$$G_2[f(i, j)] = \max[|X|, |Y|] \tag{3-62}$$

上面三式的大小关系如下:

$$G_2[\cdot] \leqslant G[\cdot] \leqslant G_1[\cdot] \tag{3-63}$$

将 Sobel 算子写成矩阵算子为:

$$\begin{pmatrix} 1 & 2 & 1 \\ 0 & 0 & 0 \\ -1 & -2 & -1 \end{pmatrix} \begin{pmatrix} 1 & 0 & -1 \\ 2 & 0 & -2 \\ 1 & 0 & -1 \end{pmatrix} \tag{3-64}$$

3. Wallis 算子

从运算特点上讲, 以上算子均是先进行算术平均, 然后求差分, 它们可以削减加性噪声。为了克服乘性噪声的影响, 可以采用先几何平均, 然后求差分。Wallis 算子定义为:

$$G[f(i, j)] = \left| \log\left[\frac{[f(i, j)]^4}{A_1 A_3 A_5 A_7} \right] \right| \tag{3-65}$$

$$= \left| 4\log f(i, j) - (\log A_1 + \log A_3 + \log A_5 + \log A_7) \right|$$

当 $G[f(i, j)]$ 大于某一阈值时, 可以认为此处存在边界。这种算子是建立在同态滤波技术基础上的，其主要优点是对灰度倍增变化不敏感，也就是说，对目标或对背景灰度缓慢变化不敏感；另外，对检测微弱信号中的边界信息是有效的，因为即使图像信号很弱，但比值不会很小。

4. Kirsch 算子

Kirsch 算子是一个多方向的边界检测算子，它定义如下：

$$
\left.
\begin{aligned}
G[f(i,\ j)] &= \max\left[h,\ \max_{k=0}^{7}\left|5S_k - 3T_k\right|\right] \\
S_k &= A_k + A_{k+1} + A_{k+2} \\
T_k &= A_{k+3} + A_{k+4} + A_{k+5} + A_{k+6} + A_{k+7}
\end{aligned}
\right\}
\tag{3-66}
$$

式中：h——阈值，设计参数。该算子通过改变 k，实现所讨论子域中不同方向的边界搜索，且和阈值 h 进行比较，以确定是否存在边界。

5. Rosenfeld 算子

下面给出该算子检测水平边界的原理。对图像 f，定义为：

$$
D_M(i,\ j) = \frac{1}{M}\left|\sum_{k=0}^{M-1}f(i+k,\ j) - \sum_{k=1}^{M}f(i-k,\ j)\right|
\tag{3-67}
$$

式中：$M = 2^m$，m——正整数。按上式分别对 $M = 1,\ 2,\ \cdots t$ 进行计算，t 为根据图像特点设定的参数。然后对它们求积，即

$$
P_t(i,\ j) = \prod_M D_M(i,\ j)
\tag{3-68}
$$

对所有的像素进行上述运算，根据算得的 $P_t(i,\ j)$ 的大小确定点 $(i,\ j)$ 是否为边界点。

式（3-67）是能抑制噪声影响的非线性边界检测算子，其原理可直观解释：只有当对所有的 M，$D_M(i,\ j)$ 都大时 $P_t(i,\ j)$ 才较大。当 $(i,\ j)$ 是边界点时，各 $D_M(i,\ j)$ 都较大；当点 $(i,\ j)$ 距边界较近时，M 值较小的 $D_M(i,\ j)$ 将较小；当 $(i,\ j)$ 远离边界时，所有的 $D_M(i,\ j)$ 都较小。

（四）拉氏（Laplace）算子

检测图像边界也可以利用二阶导数进行，其中拉氏算子最为常用，其定义为：

$$
\nabla^2 f(x,\ y) = \frac{\partial^2 f}{\partial x^2} + \frac{\partial^2 f}{\partial y^2}
\tag{3-69}
$$

对于数字图像，拉氏算子定义为：

$$
\nabla^2 f(i,\ j) = f(i-1,\ j) + f(i+1,\ j) + f(i,\ j-1) + f(i,\ j+1) - 4f(i,\ j)
\tag{3-70}
$$

或：

$$\nabla^2 f(i, j) = \sum_{(k, l)} [f(k, l) - f(i, j)], \quad (k, l) \in (i, j) \text{ 的八邻域} \qquad (3-71)$$

拉氏算子检测点、线端点、线时的输出分别依 4 倍、3 倍、2 倍于同样幅值变化的边界，这个事实说明拉氏算子对噪声比较敏感。另外，拉氏算子不能提供边界的方向信息。若根据拉氏运算结果的幅值超过设定阈值作为认定边界点的依据，将会产生双边界，寻找它的过零点是一个好的思想。一般地，简单地依据一阶导数的最大点提取的边界点集，要比依据二阶导数过零点提取的边界点集要宽。

拉氏算子及其派生的算子的矩阵形式如下：

$$\begin{pmatrix} 0 & 1 & 0 \\ 1 & -4 & 1 \\ 0 & 1 & 0 \end{pmatrix} \begin{pmatrix} 1 & 0 & 1 \\ 0 & -4 & 0 \\ 1 & 0 & 1 \end{pmatrix} \begin{pmatrix} 1 & 1 & 1 \\ 1 & -8 & 1 \\ 1 & 1 & 1 \end{pmatrix} \qquad (3-72)$$

在实际运用时，上述的算子可取为：

$$\begin{pmatrix} 0 & -1 & 0 \\ -1 & 4 & -1 \\ 0 & -1 & 0 \end{pmatrix} \begin{pmatrix} -1 & 0 & -1 \\ 0 & 4 & 0 \\ -1 & 0 & -1 \end{pmatrix} \begin{pmatrix} -1 & -1 & -1 \\ -1 & 8 & -1 \\ -1 & -1 & -1 \end{pmatrix} \qquad (3-73)$$

如下改进的拉氏算子比传统的拉氏算子的边界点检测概率更大，漏检更小，对噪声不敏感，定位精度更高：

$$\begin{bmatrix} 0 & 1/8 & 0 & 1/8 & 0 \\ 1/8 & 1/2 & 1 & 1/2 & 1/8 \\ 0 & 1 & -7 & 1 & 0 \\ 1/8 & 1/2 & 1 & 1/2 & 1/8 \\ 0 & 1/8 & 0 & 1/8 & 0 \end{bmatrix} \qquad (3-74)$$

（五）拉普拉斯-高斯算子

在使用导数算子提取边界时，理论上在边界点处一阶导数取最大值，二阶导数取零。事实上，由于边界灰度变化不陡，以及原始图像中噪声的影响，使提取的边界点集过宽或有间断。因此，直接使用简单导数算子提取的边界加大了后续的工作量，还须做某些后处理（如连接、细化等）方能形成一条有意义的边界。

为了克服噪声的影响，可以先用高斯函数对图像平滑滤波，然后对滤波后的图像进行拉普拉斯运算，算得的值等于零的像素点认为是边界点。这种方法所形成的算子也成为 L-G 算子、LOG 算子或者 Marr 算子。

设 $f(x, y)$ 为原图像，$g(x, y)$ 为高斯函数，如下：

$$G(x, y) = G(x, y, \sigma) = \frac{1}{2\pi\sigma^2}\exp\left[-\frac{x^2+y^2}{2\sigma^2}\right] \tag{3-75}$$

于是这个方法可以表示为进行如下的操作：

$$\nabla^2[G(x, y) * f(x, y)] \tag{3-76}$$

式中的"$*$"表示卷积运算。由卷积的性质，有：

$$\nabla^2[G(x, y) * f(x, y)] = \nabla^2[G(x, y)] * f(x, y) \tag{3-77}$$

可以将 $\nabla^2[G(x, y)]$ 作为一个算子，称为拉普拉斯-高斯算子：

$$\nabla^2[G(x, y, \sigma)] = \frac{1}{\pi\sigma^4}\left(\frac{x^2+y^2}{2\sigma^2}-1\right)\exp\left[-\frac{x^2+y^2}{2\sigma^2}\right] \Delta \nabla^2 G \Delta \text{LOG}(x, y, \sigma) \tag{3-78}$$

运用 L-G 算子检测边界，实际上就是寻求满足以下式子的点 (x, y)：

$$\nabla^2[G(x, y) * f(x, y)] \Delta \nabla^2 G[f(x, y)] = 0 \tag{3-79}$$

使用高斯函数卷积相当于一个低通滤波过程，其后的拉氏运算相当于一个高通滤波过程，故总体上 L-G 算子为一带通滤波过程。

常用的两个不同的 σ 尺寸为 5×5 的 L-G 算子模板分别如下：

$$\begin{bmatrix} 0 & 0 & -1 & 0 & 0 \\ 0 & -1 & -2 & -1 & 0 \\ -1 & -2 & 16 & -2 & -1 \\ 0 & -1 & -2 & -1 & 0 \\ 0 & 0 & -1 & 0 & 0 \end{bmatrix} \begin{bmatrix} -2 & -4 & -4 & -4 & -2 \\ -4 & 0 & 8 & 0 & -4 \\ -4 & 8 & 24 & 8 & -4 \\ -4 & 0 & 8 & 0 & -4 \\ -2 & -4 & -4 & -4 & -2 \end{bmatrix} \tag{3-80}$$

第一，σ 的选取。在参数设计中，σ 较大，表明在较大的子域中平滑运算，这更趋于平滑图像，有益于抑制噪声，但不利于提高边界定位精度。研究表明，当 σ 增加时 L-G 算子作用于图像后过零点的个数不会增加但可能会减少，通常 σ 越大检测到的过零点越少，当 σ 增大时，成对的过零点交会在一起并随 σ 增大而消失，即关于 σ-x 的零交叉图中的"^"形状不断地降低。并且发现，要具有这种单调性质，所用的平滑函数必须为高斯函数，即高斯二阶微分函数是唯一的具有这种单调性的函数。σ 较小时，效果是相反的。可根据图像的特征选取 σ，一般地，$\sigma=1\sim10$。取不同的 σ 进行处理就可得到不同的过零点图，其细节丰富程度亦不同，据此可以实现多尺度分析：先进行较"粗"的分析，在初步确定目标后再进行较"细"的理解。实际上人类的识别活动也是一个多尺度分析的识别过程。

第二，模板尺寸 N 的确定。在具体运用 L-G 算子时，实际上是将算子表示成一个 $N\times$

N 的模板，一般地，取模板宽度为 $3 \times 2\sqrt{2}\sigma \approx 9 \sim 90$，此时模板区域上的能量大约已占总能量的 99.7% 以上。

第三，提取边界的精度。用高斯函数滤波图像 $f(x, y)$ 时，图像的灰度一般要发生变化，但当 $f(x, y)$ 是线性函数时，高斯滤波后不改变其线性。因此，当灰度变化呈线性时，L-G 算子给出的过零点和梯度方向的二阶导数过零点是一致的。因此，在无噪声时，对阶跃边界和斜坡边界而言，$\nabla^2 G * f$ 的过零线位于边界的位置上。对于一条无限延伸的且沿边界带有线性灰度变化的阶跃边界，L-G 算子也给出了精确的边界描述。一个理想单位阶跃曲面可以表示为 $u(x) = \begin{cases} 1, & x \geq 0 \\ 0, & x < 0 \end{cases}$，当沿 y 轴方向呈现线性时，这时的边界模型为 $f(x, y) = (ay + b) u(x)$。

通过运算可以得出，$x = 0$ 是 $\nabla^2 G[f(x, y)] = 0$，即所得边界是精确的。对一个角边界，会存在误差，σ 的选取影响提取边界的精度，误差随 σ 增大而增大，但提取的角点位置是精确的。对于脉冲边界，即使在没有噪声时，随着 σ 的增大，$\nabla^2 G * f$ 的过零线也越来越向两侧偏离其正确位置，而阶梯边界的情况与其相反。对于阶跃边界，过零线偏差随着信噪比的减小和 σ 的增大而增大。对于其他边界，过零线偏差与 σ 和信噪比的关系则十分复杂。

就算子本质来讲，L-G 算子也是具有平滑作用的导数算子，但需要指出的是，它符合人的视觉特性。人的视网膜上中心感受场的每点都存在 4 个或 5 个独立的不同空间频率特性的通道，每个通道的空间特性与 DOG 十分接近。用含阶跃、窄条、宽条 3 种黑白信号的一维光栅对猴子做实验，猴子的神经节细胞的输出响应与上述信号输入 DOG 所得的输出是非常相似的，这说明 L-G 算子比较符合人的视觉特性。人的视觉特性确实同时存在兴奋和抑制，它们可以分别用正的和负的高斯函数来描述。

对时变图像 $f(x, y, t)$，可用下述算法求其边界：

$$e(x, y, t) = \nabla^2 G\left[\frac{\partial f(x, y, t)}{\partial t}\right] \tag{3-81}$$

式中：$S(f)$ ——提取边界的任一种算子。

三、基于图像纹理的图像分割方法

纹理分割可以用如下的数学符号加以定义。假设 I 是图像中所有像素点组成的集合，$P(\cdot)$ 表示一组具有相同纹理特征的相互连通的像素点出现的概率，那么纹理分割就是把集合 I 划分成一组互不重叠，彼此衔接的子集 $\{I_1, I_2, \cdots, I_n\}$，即定义必须满足下述四个条件：

$$I = \overset{n}{\underset{i=1}{Y}} I_i \qquad\qquad (3-82)$$

$$I_i \cap I_j = \Phi \quad 对所有 i \neq j \qquad\qquad (3-83)$$

$$P(I_i) = 1 \quad 对所有 i \qquad\qquad (3-84)$$

$$P(I_i \cap I_j) = 0 \quad 对所有 i \neq j；I_i，J_j 相邻 \qquad\qquad (3-85)$$

（一）纹理分割的基本方法

纹理图像分割算法可以分为统计分割算法、频谱分割算法、模型分割算法、结构分割算法和基于特征的分割算法等。

统计分割算法根据纹理区域内各种统计量的差异对区域进行划分；频谱算法利用傅里叶频谱的特性进行分割；模型法先对纹理的表象或形成过程建立某种数学物理模型，然后根据模型参数的差异分割图像；基于结构的算法则是依据纹理基元及其排列规律来生成纹理文法，并用文法分析分割图像。该算法只适用于人工合成的确定性纹理，对于自然纹理图像由于很难确定纹理基元及其排列规律而无法建立适宜的文法；基于特征的分割算法首先在一个窗口内，对其中心元素提取能够区分不同纹理结构的特征矢量，然后通过特征矢量来划分不同的区域。

统计分割算法是出现最早，也是比较成熟的算法，但由于它的计算复杂度较高，分割性能一般，因此已经很少使用。由于傅里叶频谱的固有缺陷，频谱分割算法也很少被应用。但是，小波变换的多分辨率、多尺度特性，使古老的频谱分割算法又获新生。因此，基于小波变换的分割算法仍是一种有发展潜力的方法。然而，严格地说，统计分割算法和频谱分割算法也都可以归类于基于特征的分割算法中，因为它们分别用了统计特征和频谱或空间、频率域的特征。

（二）基于特征的纹理分割

几乎所有纹理分割方法都可以看成是基于特征的分割方法。因此，基于特征的纹理分割方法具有非常特殊的意义。

1. 纹理的本质特征

到目前为止，人们用于描述纹理性状的本质特征归纳起来有 10 种，分别为：纹理的均匀性、密度、粗细度、粗植度、规律性、线性度、定向性、方向性、频率、相位。

尽管对于图像纹理本质特征做了如此详尽的描述，但是，迄今为止还没有依据哪一种特征就可以对任何一幅纹理图像进行精确的分割。这也许是因为目前所提取的特征，并没有真正和上述 10 个本质特征相一致，例如，相位特征的提取就由于相位缠卷而很难准确实现。总之，提取符合人类视觉感知机理的新的纹理特征仍然是实现精确纹理分割的重要任务。事实上，上述 10 个本质特征仅可用于指导新的纹理特征的提取。

2. 基于特征的纹理图像分割的一般规律

基于特征的纹理图像分割的一般规律如下：

（1）特征选择。根据待分割图像的性质选择适当的特征，选择标准是：①能够有效区分图像中不同的纹理区域；②特征计算简单；③所组成的特征矢量维数较低。

（2）四叉树平滑。有效减少处理数据（减少了空间分辨率），提高分类精度。

（3）特征提取。提取金字塔高层图像的特征，形成由特征矢量组成的特征图像。

（4）分类。选择一种分类方法对特征图像分类。可选择的分类方法包括：各种聚类方法（近邻聚类、K 均值聚类、模糊 K 均值聚类等）、各种距离分类器、各种线性或非线性判别函数法、各种概率分类法（贝叶斯分类器、分类树等）、各种神经网络分类法、支持矢量机等。

（5）边缘检测。把分类结果传递到金字塔底部后，对和原图像大小相同的分类图像进行边缘检测。

（6）获取分类结果。把检测好的边缘信息叠加到原图像上，便得到最后的分割结果。

可以看出，在基于特征的纹理图像分割中，技术关键是特征与分类方法的选择。由于特征抽取及分类方法选择的不同，衍生出许多纹理分割方法来，由于每种方法的侧重点不同，叫法也就不同。例如，强调特征提取的分割算法，常常称为基于某某特征的纹理分割算法；而强调分类方法的，则常常称为基于某某分类的纹理分割算法等。不管哪种方法，都离不开这两步工作。推而广之，可以说几乎所有纹理分割方法都离不开特征选择、提取与分类。即便是基于结构文法的分割，也需要纹理基元和排列方式的选择（特征选择）和分类文法的制定（分类方法）。所以，详细了解基于特征的分割的一般方法，对于研究整个纹理图像分割具有指导性的意义。

（三）基于模型的纹理分割方法

基于模型的纹理分割方法主要包括基于分形模型和基于随机场模型的分割两种。如果把模型参数作为图像特征，那么，基于模型的分割也可以看成是基于特征的分割。之所以单独讨论它们，是因为它们所提取的模型参数特征，具有十分广泛的适用性，特别对于自然纹理，可以取得很好的分割结果，因此有着良好的发展前景。

只要能够提取出特征，剩下的问题就是如何分类和提取类间边界了，因此，下面主要讨论如何对图像建模，以及如何估计模型参数。

1. 基于分形模型的纹理图像分割

大部分二维纹理图像都是由纹理（人工或自然纹理，下同）以及人造物体组合而成的。当然也有纯纹理或纯人造物图像。其中，各种含有人造物体的区域都具有小于或等于 2 的分形维数，而纹理所占有的区域则都具有大于 2 的分形维数。不同的纹理结构分形维数也不相同，而且，相邻像素具有相同纹理结构的概率很大，除非它处于两种不同纹理结构的交界处。因此，分形维数可以作为区分人造物体区域、不同结构的纹理区域的有效特征。

基于分形模型的纹理图像分割方法可按以下步骤实现：

（1）选一个滑动窗口，使之按电视扫描的方式扫视整幅图像，在图像的每一点，可以按分形维数的任何一种计算方法，计算窗口内像素的分形维数，并作为窗口中心点的分维特征。窗口的尺寸应该根据纹理基元的粗糙度和结构特性选择，不能选得太小，否则不能准确描述该小区域的分维特征；也不能选得太大，否则计算量会过大，一般取 9×9 左右较为合适。当扫描完整幅图像后，便得到指示每个像素点分维数的新图像，将其称为分形图像。

（2）把分形图像经归一化处理，映射为灰度图像，然后可以经过形态学的处理，或者松弛算法，进一步扩大分维数之间的差异。

（3）用某种聚类算法，对不同区域分类。

（4）用边缘检测方法找出类间边界。

（5）把类边界叠加到原图上，完成分割。

2. 基于马尔可夫随机场模型的纹理图像分割

图像分割本质上就是要找出图像中具有相似特性的各个区域的边界。为此，需要那些能够很好描述相邻像素之间相互关系的工具。马尔可夫随机场理论刚好就是这样一种极好的工具，因此，它被广泛用于纹理图像分割。

根据随机场理论可知，一幅图像可以看成是定义在一个矩形网格 $\Lambda = \{(i, j), 1 \leq i \leq M, 1 \leq j \leq N\}$ 上的一组彼此相互作用的物理实体，每一个独立的实体（像素）可以用一个随机变量来描述，定义在网格 Λ 上的这一组随机变量 $X = \{x_i: i \in \Lambda\}$ 便被称为一个随机场。如果网格上 Λ 的各个实体仅仅通过有限邻域系统 η_A 与其他实体发生相互作用，那么所对应的随机场 X 就是一个关于邻域系统 η_A 的马尔可夫随机场（MRF），因此，任何一幅图像，都可以看成是一个马尔可夫随机场的一次实现。

纹理图像中的每一种纹理模式可以用一个马尔可夫随机场来建模，模型的参数也就刻画了各种不同纹理的特性。因此，如果能够将对应不同纹理特性的模型参数估计出来，用这些参数作为纹理特征，再使用各种传统的分类或聚类算法就可以实现纹理图像的分割了。为此，提出了许多基于不同马尔可夫随机场模型的模型参数估计方法。

基于马尔可夫随机场模型的纹理图像分割还有另外一类方法，这类方法，把待分割图像 y 看作是一个马尔可夫随机场 Y 的一次实现，把图像分割结果的各个像素的类别标号，也建模为一个马尔可夫随机场 X（称为双随机场模型），于是，分割问题就可以描述为求出 X 的一个实现 x，使之在观测图像 y 出现的条件下，x 出现的概率最大。这意味着，只有实现这样一种分割结果，才能更好地重建原始图像。这显然就是一个求条件极值的问题，通常可以用最大后验概率准则来求解。

假设 y 出现的条件下，x 出现的条件概率表示为：

$$P(X = x \mid Y = y) = \frac{P(Y = y \mid X = x)P(X = x)}{P(Y = y)} \tag{3-86}$$

式中：$P(Y = y)$ ——一个独立于实现 x 的未知常数。

$P(X = x \mid Y = y)$ 是在给定标号 X 时，观测图像 Y 的条件概率密度函数，是观测数据的后验概率分布，与观测及获取过程有关。为书写简便，采用以下简化表示：

$$
\begin{aligned}
P(Y = y) &= P(y) \\
P(X = x) &= P(x) \\
P(Y = y \mid X = x) &= P(y \mid x) \\
P(X = x \mid Y = y) &= P(x \mid y)
\end{aligned} \tag{3-87}
$$

假设待求随机场 X 是 MRF，如果在给定 $X = x_i$ 时，$P(y_i \mid x_i)$ 间还是条件独立的，即

$$P(y \mid x) = \prod_{i \in A} P(y_i \mid x_i) \tag{3-88}$$

那么，定义在二维网格 Λ 上的随机场 (X, Y) 是一个隐马尔可夫随机场（HMRF），这是因为标号 MRF X 是不可见的，仅仅观测图像随机场 Y 是可见的，然而后者不一定具有马尔可夫性。于是 HMRF (X, Y) 的联合概率分布为：

$$P(Y, X) = P(X)P(Y \mid X) = P(X) \prod_{i \in A} P(y_i \mid x_i) \tag{3-89}$$

由此可知，图像分割问题可以转化为求解最大后验概率的问题，即

$$\hat{x} = \arg\max_{x} P(y, x) \propto \arg\max_{x} P(x)P(y \mid x) \tag{3-90}$$

剩下的问题就是如何获得概率分布 $P(x)$ 与 $P(y \mid x)$，这实际上也就是如何对观测随机场和 MRF 标记场进行建模的问题。

根据 Hammersley-Clifford 定理，MRF 标记场 X 和 Gibbs 随机场是等价的，因此可以用 Gibbs 分布描述概率分布，即

$$P(X = x) = Z^{-1} \exp\left(-\frac{1}{T}U(x)\right) \tag{3-91}$$

式中：

$$Z = \sum_{x \in \Omega} \exp\left(-\frac{1}{T}U(x)\right) \tag{3-92}$$

为归一化常数，也称为划分方程；Ω 是所有实现的集合；T 为温度系数，一般设为 1。$U(x)$ 为能量函数：

$$U(x) = \sum_{c \in C} V_c(x) \tag{3-93}$$

它是一系列定义在势团 C 上的势函数 $V_c(x)$ 的和。势函数是一个仅与势团形状有关，而与组成该势团的像素位置无关的函数。常见的势函数模型有 Ising 模型、Potts 模型、多层逻辑（MLL）模型等。以下仅介绍 MLL 模型。

MLL 模型假设像素标记间各向同性，而且仅考虑一元势函数和二元势函数。若一幅图像存在 K（K>2）个随机场（在分割问题中，即纹理的类别数），那么，在 MLL 模型中，势函数的定义如下：

$$V_1(x_i = k) = \alpha_i \quad k \in K \tag{3-94}$$

$$V_2(x_i, x_j) = \begin{cases} -\beta & x_i = x_j \\ \beta & x_i \neq x_j \end{cases} \tag{3-95}$$

此时，MLL 模型的局部概率为：

$$P(x_i \mid x_{N_i}) = \frac{\exp(-\alpha_i - \beta n_i(x_i))}{\sum\limits_{x_i \in L} \exp(-\alpha_i - \beta n_i(x_i))} \tag{3-96}$$

式中：$n_i(x_i)$——位置 i 的领域中像素 x_i 的邻域的个数。

当只考虑二元势函数非零的情况时：

$$P(x_i \mid x_{N_i}) = \frac{\exp(-\beta n_i(x_i))}{\sum\limits_{x_i \in L} \exp(-\beta n_i(x_i))} \tag{3-97}$$

用来定义条件概率函数 $P(y \mid x)$ 的常用模型有有限混合高斯模型（FGMM）和高斯马尔可夫模型（GMRF）。下面仅介绍 FGMM。

若图像每个区域的观测值可使用高斯函数来描述，则整幅图像的观测值可看成是这些高斯函数的混合。因此，图像的观测数据的概率分布 $P(Y \mid X = x)$ 可以看作是若干个高斯函数的加权和，这种模型常称为有限正态混合模型（Finite Gaussian Mixture Model, FGMM）。FGMM 假设图像中像素间相互独立，在 $x = k(k \in \Lambda)$ 时的概率分布为：

$$P(y \mid x = k) = \frac{1}{(\sqrt{2\pi})^p \left| \sum\limits_k \right|^{1/2}} \exp\left(-\frac{1}{2}(y - \mu_k)^T \times \left(\sum\limits_k\right)^{-1} \times (y - \mu_k)\right) \tag{3-98}$$

式中：P——观测特征 y 的维数；

μ_k 和 $\sum\limits_{k}$ ——第 k 类特征的期望和方差。

于是 FGMM 的概率分布如下：

$$P(Y \mid X) = \sum_{k=1}^{K} \omega_k P(y \mid x = k) \tag{3-99}$$

式中：ω_k ——权重系数，表示图像中分类为 k 的像素所占的比例，$0 < \omega_k < 1$ 且有 $\sum\limits_{k=1}^{K} \omega_k = 1$。

有了概率分布 $P(x)$ 与 $P(y \mid x)$，就可以根据式（3-98）估计最佳标记场 $\hat{x}$ 了，而最佳标记场 $\hat{x}$ 正是对于纹理图像的最佳分割。可以利用期望值最大化（EM）算法或条件迭代模式（ICM）等通过迭代对式（3-98）求解。

第四节　图像分割的原则及其具体应用

在图像增强和图像恢复技术中，图像处理系统的输入是一幅待改善的图像，而输出结果则往往是突出了人们感兴趣的部分内容。事实上，对一幅图像而言，人们关注的始终只是其中的一个部分，例如，天空背景中的飞机、人物照片中的脸庞。这些部分常常被称为目标或者前景（与之相对应的称为背景），一般对应着图像中具有独特性质的某些区域。为了有效地对这些区域进行辨识、描述和分析，往往需要先将这些区域分割出来，在此基础上进行特征的提取、测量等工作。这种为后续工作有效进行而将图像划分为若干个有意义的区域并提取出感兴趣目标的技术称为图像分割。

所谓图像分割是指根据灰度、彩色、空间纹理、几何形状等特征把图像划分成若干个互不相交的有意义的区域，使得这些特征在同一区域内，表现出一致性或相似性，而在不同区域间表现出明显的不同。简单地讲，就是在一幅图像中，把目标从背景中分离出来，以便进一步处理。图像分割是图像处理与计算机视觉领域低层次视觉中最为基础和重要的领域之一，它是联系图像处理和图像分析的一个承上启下的关键步骤，是对图像进行视觉分析和模式识别的基本前提，同时它也是一个经典难题。到目前为止，既不存在一种通用的图像分割方法，也不存在一种判断是否分割成功的客观标准。这里所谓的"有意义"是指所分割的图像区域与场景的各个目标及背景的特点相一致。但从实际上讲，所谓"有意义"是只要所进行的图像分割便于后续的工作实现既定的目标和任务即可。

图像分割在图像处理、分析和理解中是十分重要的技术环节，图像分割质量的优劣、区域界线定位的精度直接影响后续的区域描述以及图像的分析和理解。图像中各个目标及背景通常具有不同灰度、颜色或纹理，因此，本章研究如何根据图像的这些特征进行图像分割。

一、图像分割的基本原则

图像分割所遵循的基本原则是：使区域内部所考虑的特征或属性是相同或相近的，而这些特征或属性在相邻的区域中则存在差异。

目前有许多图像分割方法，从分割操作的对象来看，可以分为基于区域的分割方法、基于边界的分割方法和区域生成与边界检测的混合方法。所谓基于区域的方法就是直接找出特征相近的像点，从而生成区域；基于边界的方法是首先检测出图像特征不一致的所在点，并将它们连成边界，这些边界就将图像分成许多区域；边界检测的混合方法是根据特征同一性准则，特征相近的像点形成区域，不一致之处的点连成边界。

从分割进行的策略上看，可以分为并行方法和串行方法。所谓并行方法是指所有的判断和决定都可以独立和同时做出，而串行方法是指前期处理的结果要被后续的处理过程所利用。一般而言，并行方法在计算时间上优于串行方法，而串行方法的抗噪声能力通常优于并行方法。

在进行图像分割时可以直接根据灰度大小进行分割，也可以根据灰度分布进行分割，还可以根据图像模型进行分割。虽然有许多图像分割方法，但至今还没有找到对任何图像都普遍特别有效的图像分割算法，就是说任何一种分割算法都有它的局限性和针对性。因此，要使图像分割效果好，应充分利用对象知识，所采用的分割方法应和对象特点相"匹配"。一个提高图像分割效果的途径是将一些分割算法组合起来形成一个系统，根据图像的特点，分层次有针对性地使用不同的分割算法。图像分割所依据的属性或特征可能是像素的灰度、小区域的平均灰度、灰度分布、灰度方差、灰度纹理等。

几乎各种颜色都可由红、绿、蓝三基色按某种比例混合而成，为了不同的应用目的，三基色适当的线性组合（线性变换）便可以产生不同颜色。因此，在下面的图像分割技术讨论中，无论对黑白图像还是对彩色图像，以及对各种不同的灰度分布区域，主要以图像"灰度"为基本属性进行论述，这里的"灰度"在具体的图像中可能是其他物理意义的参数。

图像分割可以形式化定义如下：

令有序集合 R 表示图像区域（像点集），对 R 分割是将 R 分成若干个满足下面 5 个条件的有序非空子集 R_1，R_2，$\cdots R_n$：

第一，$\bigcup\limits_{i=1}^{n} R_i = R$。

第二，$R_i \cap R_j = \varnothing$，$\forall i, j \quad i \neq j$。

第三，$P(R_i) = \text{TRUE}$，$\forall i$。

第四，$P(R_i \cup R_j) = \text{FALSE}$，$i \neq j$ 且 R_i 与 R_j 相邻。

第五，R_i 是连通区域，$\forall i$。

其中，$P(R_i)$ 是对集合 R_i 中所有元素的逻辑谓词，即属性或特征均一性准则，$\varnothing$ 是空集。条件一表示图像中任一像素都属于某一子区域，即分割是彻底的；条件二表示一个像点不能同时属于两个区域，即区域不能重叠；条件三表示区域内特征是相近的；条件四表示相邻的两个区域间特征是不同的；条件五表示同一区域中像素是连通的。

二、图像分割的具体应用

基于区域和基于边界的图像分割方法，因其实现简单、计算量小、性能较稳定而成为图像分割中最基本和应用最广泛的分割技术，已被应用于很多的领域。例如，在红外技术应用中，红外无损检测中红外热图像的分割，红外成像跟踪系统中目标的分割；在遥感应用中，合成孔径雷达图像中目标的分割；在医学应用中，血液细胞图像的分割、磁共振图像的分割等；在农业工程应用中，水果品质无损检测过程中水果图像与背景的分割；在工业生产中，机器视觉运用于产品质量检测；等等。在这些应用中，分割是对图像进一步分析、识别的前提，分割的准确性将直接影响后续任务的有效性。

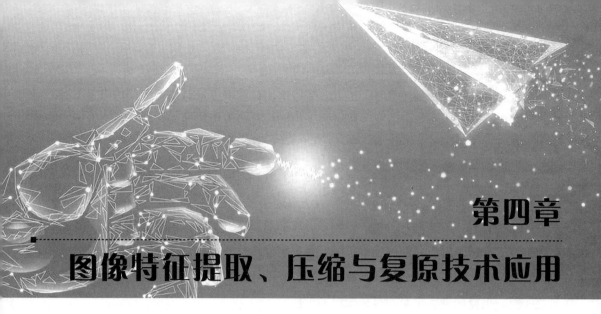

第四章
图像特征提取、压缩与复原技术应用

第一节　图像特征提取及其应用分析

一、图像特征提取技术的基础认知

图像虽然给人们提供了十分丰富的信息，但是这些图像信息通常具有很高的维数。以一幅尺寸大小为400×300的黑白图像为例，它可以得到120 000个点数据，每个点数据有两种变化的可能性，即该点为白色还是黑色。对于彩色图像和分辨率更高的图像而言，数据量更是惊人。这对于实时系统来说，将会是一场灾难，因为测量空间的维数过高，不适合进行分类器和识别方法的实现。因此，需要将测量空间的原始数据通过特征提取过程获得在特征空间最能反映分类本质的特征。

（一）图像特征的特点及分类

为了更加高效地分析和研究图像，通常需要对给定的图像使用简单明确的数值、符号或图形来表征，它们能够反映该图像中最基本和最重要的信息，能够反映出目标的本质，称其为图像的特征。例如，在图像处理和模式识别领域中，对处理的图像提取合适的描述属性即图像特征，是非常核心和关键的一步。在根据内容对图像进行分类中，首先必须对图像内容进行准确描述，从图像中提取有用的信息作为图像特征提供给计算机进行识别进而进行分类。

在图像处理与计算机视觉领域，图像特征提取是非常关键的技术。从原始图像中提取图像特征信息的过程称为图像特征提取，是指运用计算机技术对图像中的信息进行处理和分析，从图像中提取出关键有用、标示能力强的信息作为该图像的特征信息，并将提取到的图像特征用于对实际问题的处理。

通常情况下，图像空间又被称为原始空间，有特征的空间被称为特征空间，原始空间和特征空间可以相互变换，变换的过程被称为特征提取。人类在理解图像内容的过程中，会受到个体差异性的影响，对于一幅图像形成不同的理解。从计算机的角度出发，不同特征的提取方法得到的图像内容也不相同。提取图像特征的好坏直接影响图像处理效果，比如图像的分类、图像的描述以及图像的识别等。特征提取也是目标跟踪过程中最重要的环节之一，它的健壮性直接影响目标跟踪的性能。

在目标分类识别过程中，根据被研究对象产生出一组基本的特征用于计算，这就是原始的特征。对于特征提取来说，并不是提取越多的信息，分类效果越好。有些特征之间存在相互关联和相互独立的部分，这就需要抽取和选择有利于实现分类的特征量。

1. 图像特征的特点

图像特征提取是一个涉及面非常广泛的技术，根据用户需求和待解决问题的实际要求提取出对应的图像特征。理想的图像特征应该具备以下特点：

（1）图像特征向量应该具有较强的表征能力，可以将图像中的物体特征和属性正确地展现出来，并将不同的物体进行有效区分，从而降低后续设计分类算法的难度。换句话说，在提取图像特征的过程中，应该突出图像的差异性，相同的图像样本，特征差越小越好；相反，不同的样本图像，特征差越大越好。相同模式的对象类别应该具备类似的特征值，例如，苹果的成熟程度不同，呈现出来的苹果皮颜色也不相同。虽然，红苹果和青苹果都属于苹果，但是它们具有不同的成熟度，具有很大的颜色差异，因此，颜色特征并不是好的区分特征；如果是不同类型的对象模型，它们的差异性会比较明显，比如，篮球和足球，用直径就可以很好地区分它们的特征，因为它们的直径大小差异明显。

（2）特征向量应具备抗模式畸变能力，例如具有图像缩放、平移、旋转、仿射不变性，在同一幅图像经过旋转、缩放等一系列处理之后，从中提取的特征向量仍然能够实现精确的匹配。

（3）图像的特征向量应该建立在图像的整体性上，向量的分布也必须遵循均匀原则，不能把图像集中在一个局部区域中。

（4）图像的特征应该把图像中多余的信息排除，保持各个特征的独立性，各特征之间不相联。如果两个特征值表现的是一个对象的相同属性，那么不应该同时应用相同的特征值，避免造成数据多余，避免给计算机增加计算难度。比如，水果的重量和直径属于关联性较强的两个特征属性，人们通过公式可以计算出水果的重量以及体积，水果的重量和直径是三次方的关系。有的时候，关联的特征属性可以一起使用，以增强物体的适应性，但是，一般情况下，这种特征量不会单独使用。

总之，图像特征应能够很好地描述被提取的对象，能够满足对特征的特殊性要求和一般性要求，并且能够满足分类要求的指标。图像特征提取应能够实现对多种类型图像特征的提取，并且具有适应性强等优点。同时，图像特征提取算法所耗费的时间应该尽量少，便于快速识别。

2. 图像特征的类别

图像特征分为很多类型，分类方法也有很多，根据其类型和用途不同，分类标准也不同。

（1）图像特征依据表达语义的级别不同，又可以分为高层语义特征以及底层语义特征。高层语义特征是指局部特征具有不变性，通常情况下，它具备深层次的语义特征，是抽象化地表示图像内容；底层语义特征主要是指全局特征，包括纹理、颜色、空间关系以及形状等。

（2）图像特征根据视觉效果可以分为纹理特征、点线面特征以及颜色特征等；图像特征根据变换的系数可以分为小波变化、傅里叶变换以及离散余弦变换等；图像特征根据统计特征又可以分为均值、灰度直方图、矩特征以及熵特征等。用来描述目标的图像特征主要有光谱特征、纹理特征、结构特征、形状特征等，其中光谱、纹理、形状应用得尤为普遍。

（3）图像特征依据不同的表达范围又可以分为全局特征和局部特征。局部特征主要代表目标区域内的信息，是对特定范围内的图像关键点进行提取；全局特征针对的是图像的整个区域，是对整体特征信息的反映。图像全局特征的种类繁多，大部分是通过纹理特征、颜色特征以及形状特征演变形成，并且，描述的过程中多采用直方图的形式。局部特征和全局特征相比，更具显著性和针对性，所以，局部特征在识别和分类图像中的作用更强，局部特征也是研究提取特征的重要方向。

图像局部特征采取的分类方法相比于图像全局特征采取的分类方法更具局限性。因为通常情况下，在描述图像的局部特征时，需要描述更多的局部描述子数量，这种方式不利于图像分类。所以在对复杂的自然图像进行分类时一般使用图像的底层全局特征，近年来发展起来的深度学习图像识别技术采用的就是图像的底层全局特征。基于图像局部特征的图像分类方法在特定的场合也能取得较好的效果，如对一些固定场景的分类。

（二）图像特征的提取方法

1. 图像深层特征提取

深度的概念具有相对性，与底层特征相比，传统的特征提取方法也属于深度特征，深度的学习可以提取较强表达能力的特征，具体原因如下：

（1）从仿生学的角度来看，深度学习是从哺乳动物的大脑中不断演变而成的。人类的大脑皮层和哺乳动物的大脑皮层相似，大脑对数据进行分层处理的过程中，深度学习可以展现出不同水平的特征，并将这些特征逐层结合。深度学习的过程符合人类的认知过程。

（2）从网络表达能力上来说，浅层的网络架构在实现复杂高维函数时其表现不尽如人意，而用深度网络结构则能较好地表达。

（3）从网络计算的复杂程度来看，如果深度是 n 的网络结构可以紧凑地呈现某一个函数，当深度小于 n 时，它的计算规模需要指数级增长。

（4）从信息共享的角度来看，深度学习可以获得多重水平的特征，在类似的不同任务中，可以重复使用，等于给任务求解提供了一部分没有监督的数据，最终获得更多的信息。

（5）深度学习模型受大数据的驱动，使得模型的拟合程度更加精准。

一个或多个底层特征组合形成了图像深层特征。深度模型受哺乳动物大脑模型的影响，形成的多为分层结构，在函数的映射下，不同的原始提取数据具备一种或多种不同的特征，然后将提取的深度特征输入下一层数据中，这种深度特征包括观察不同方面的图像特征。深度学习的核心算法是：通过底层特征自动找到抽象的图像深层特征。

深层特征提取往往从图像中大量的边缘信息提取开始，接着检测较为复杂的由边缘特征组合而成的局部形状，再根据类别关系对图像中低频的部件或是子部件进行识别，最后将获得的信息融合在一起理解图像中所出现的场景。

2. 图像深度学习特征提取

卷积神经网络（CNN）属于局部连接网络。与全连接网络相比，卷积神经网络最大的特点是：具有权值共享性和局部连接性。卷积神经网络的局部连接性主要体现在：在一幅图像中，距离越近的像素对图像的影响越大。卷积神经网络的权值共享性主要表现在：区域与区域之间可以共享权值，权值共享还可以被称为卷积核共享，对于一个卷积核将它与给定的图像做卷积就可以提取一种图像的特征，不同的卷积核可以提取不同的图像特征。

二、图像特征提取技术的应用分析

图像特征研究是图像分析处理研究中的一个重要组成部分，在场景分析、医学图像分析、遥感图像分析、图像分类等领域有着重要应用。图像特征提取以及识别分类具有很强的实用性，在计算机视觉、计算机图形图像学、数字图像处理、模式识别、工农业生产、军事安全、国防建设以及遥感测绘等领域都得到广泛的应用。

（一）医学图像特征

医学图像作为一个计算机科学与生物医学交叉领域的产物，涉及较多的医学专业知识和技术，一些针对普通图像的特征提取方法在医学图像上并不能行之有效，所以，如何选择对于医学图像特征提取和多特征融合有效的算法是国内外研究医学领域的主要方向。

1. LBP 特征

这里选用 Image CLEF 组织提供的公开的医学分类图像作为特征提取的数据集，其包含类别比较全面，主要有大脑、脖子、颈椎、手、脚、肺部、心脏和细胞等图像。Image CLEF 数据集主要用于图像领域的研究，为分类、标注和检索提供数据和基准依据。这里选用比较理想的肺部和脚部图像。分别提取其 LBP 特征，包括常规的具有灰度不变性的 LBP 特征和具有旋转、灰度不变性的统一模式的 LBP 特征，并转化为直方图的形式进行对比分析。在直方图方面，分别选取了 64Bin、128Bin 和 256Bin 三种，对应的特征向量维度分别为 64、128 和 256。

2. SIFT 特征

SIFT 特征作为局部不变性特征的代表，是图像识别分类中常用的局部性特征。SIFT 特征为 128 维，对于有些分类任务来说维度相对比较高，因此，有一些针对 SIFT 特征降维的算法如 PCA-SIFT。SIFT 的梯度信息对于图像中梯度有明显变化的区域表示比较清楚，对关键点捕捉比较敏感。

（二）水面目标特征

水面目标主要包括船舶、岛屿、礁石等，此处考虑无人艇视觉系统获得的水面目标图像特征。通过摄像机在不同角度上拍摄得到的图像，会引起视角上的畸变，如平移、缩放、仿射等变换。因此，获得基于平移缩放、仿射等情况下保持不变或者影响不大的特征参数库是实现水面目标识别的关键前提。

对船舶、海上岛屿、礁石等目标的外围轮廓做一下对比分析，可以得出，不同目标之间的形状特征具有较大的差异，而对于同一个目标在视线中的不同位置、大小以及不同方向情况下其形状描述因子保持不变，因此，形状特征是识别船舶的显著因素之一。同时，对于岛屿、礁石这些目标，其表面纹理与船舶相差较大，因此，纹理特征是初步识别船舶的另一个显著因素。对要识别的水面目标，形状特征描述因子和纹理特征具有较好的可分性，因此，可以从水面目标的外围轮廓与表面性质两个方面进行特征提取与分析，特征提取之后形成一个目标特征库。

1. 水面目标的纹理特征

由于纹理是由灰度分布在空间位置上反复出现而形成的，因而在图像空间中相隔某距离的两像素之间会存在一定的灰度关系，即图像中灰度的空间相关特性。灰度共生矩阵就是一种通过灰度的空间相关特性来描述纹理的常用方法。灰度直方图是对图像上单个像素具有某个灰度进行统计的结果，而灰度共生矩阵是对图像上保持某距离的两像素分别具有某灰度的状况进行统计得到的。

由于无人艇视觉系统视觉方向沿水平面或者偏上偏下，因此鲜少得到目标的俯视图。船舶侧面纹理平滑，而海上礁石、岛屿纹理则相对明显，所以可以利用它们之间的纹理特征来识别目标，在一定程度上可以为避障以及检测感兴趣目标提供有力证据。

2. 水面目标的形状特征

水面目标的形状特征，通常包含两个方面：目标的几何形状特征和基于形状的不变矩特征。针对水面目标的形状特征，主要通过提取水面目标的外围轮廓、基于形状区域的几何特征、Hu 不变矩与仿射不变矩特征，由此分析不同目标的特征区别。

针对礁石、岛屿、船舶目标，除了纹理特征外，另一个具有明显区别的就是目标的外围轮廓。当无人艇视觉系统采集较远距离目标图像时，相对于船舶，岛屿是较大目标而且通常会占据目标视频帧中横向的视野，而礁石则是呈块或群出现的，其轮廓特征是它们之间容易区分的特征。

通过图像分割方法得到目标区域，经二值化得到目标的黑白图像，通过填补目标区域内小面积不连续部分，提取外围轮廓线。

3. 水面目标的几何特征

几何特征是根据目标区域外围轮廓和其包含的像素点的数量来定义的，在进行特征提取之前，首先需要计算目标的最小外接矩形。当已经获取目标的边界时，用其外接矩形的尺寸来定义目标的长宽是最简单的方法。而获取目标的角度通常是不定的，因此，水平和垂直方向并不能准确描述目标的长宽。基于目标主轴，计算在其方向上的反映目标轮廓的长度和宽度，所需的这个外接矩形计算步骤包括：以 3°左右的增量旋转目标边界旋转范围 0°~90°，记录每次旋转之后在其坐标系方向上的边界点极值。旋转过程中将得到使外接矩形面积达到最小值的角度，在此情况下的参数即为主轴定义下的长宽。

定义目标的五个几何特征，具体如下：

（1）面积特征。面积特征具有旋转与平移不变性，因此可以作为一个可靠的特征，其计算方法为统计二值图像中目标区域所含的像素点数。

（2）细长度特征。指沿主轴方向的长度和与其垂直方向上的宽度的比值，即是最小外接矩形的长宽比。由同一角度获取的目标，细长度特征具有缩放不变性。

（3）紧密度特征。用来表征目标形状的复杂度，定义为目标的周长与面积的比。通常情况下，若目标具有相同的面积，其周长越长形状就相对复杂。然而，在不同面积的目标中，面积大而形状简单周长也可能很大；反之，面积小而形状复杂周长也可能很小。

（4）凸包性特征。目标凸包性是指目标的面积与最小外接矩形的面积之比。由不同姿态下得到的目标，该特征变化不大，因此可作为较可靠的因素来识别目标。

（5）凸起度量。是针对船舶提出的一个特征，船舶通常由上层建筑和下部船舱两部分构成，其凸起度量即是指上层建筑的面积与下部船舱的面积之比，这两部分的面积可通过统计其中的像素点数来得到。

第二节　图像压缩技术及其在网络中的应用

一、图像压缩技术的基础认知

随着数字图像处理技术逐渐深入人们生产生活的方方面面，每时每刻都有新的数字图像数据被产生出来并需要加以传输和存储。数字图像的数据量往往非常大。例如，现在较为主流的 1500 万像素（4472×3354 像素）分辨率的数码相机，所拍摄的每一幅 RGB 彩色图像的原始数据量便可达到 42.9MB；即使是在 1MB/s 的传输速率下，传输一幅相片也需要 40 多秒的时间；如果是对图像进行存储，则 1 张 8GB 大小 SD 卡也仅能存放 300 余幅图片。而实际上，在很多常见的应用中所遇到的并非单幅图像，而是较长时间的视频图像（例如视频监控、DV 摄像等）以及多光谱图像（例如遥感监测），此时的图像数据量更是随着时间的增长而急速增加。如此大的图像数据量，为图像的存储和传输带来了极大困难，使得图像压缩成为数字图像处理中的一项关键性的技术。

图像压缩的目的在于使用尽可能少的数据量来表示数字图像或至少是数字图像中的关

键信息。减少数据量的基本思路是去除图像中多余的数据，即存在于广泛的数字图像中的各种"冗余"。从数学的角度来看，图像压缩的过程实际上就是将原始的二维图像像素数据阵列变换为一个统计上无关的数据集合，这些统计无关的数据集合中包含了图像的全部或关键的信息，并能使用更少的数据量来表达。同时，压缩后的数据还能通过一个逆变换过程即解压缩过程还原得到原始图像或者原始图像的一个近似。

（一）图像压缩的数据冗余

"数据压缩"这一术语指减少表示给定信息量所需要的数据量。数据和信息是意义不同的两个概念，必须清晰地加以区分。数据指信息的传送手段。相同量的信息可以通过不同量的数据加以表示。例如，同样意思的话，用汉语和英语来加以叙述，在一般的字符编码方式下，就可能需要不同的数据量；类似地，对于同一件事情，两个不同的人通常会给出两种不同的描述，有的简练，有的繁冗，而繁冗的描述将比简练的描述包含更多的无用数据，即数据冗余。

数据冗余是数字图像压缩要处理的主要问题。数据冗余可以在数学上加以量化。如果n_1和n_2代表两个表示了相同信息的数据集合中数据的数量，则第一个数据集合（数据量为n_1的数据集合）的相对数据冗余定义为：

$$RD = 1 - \frac{1}{CR} \tag{4-1}$$

式中，CR称为压缩率，由下式给出：

$$CR = n_1/n_2 \tag{4-2}$$

如果$n_1 = n_2$，则$CR = 1$，$RD = 0$，代表信息的第一种表达方式（相对于第二种方式）的冗余数据量为0，即没有冗余数据；如果$n_2 \ll n_1$，则$CR \to \infty$，$RD \to 1$，表明此时第一种信息表达方式中包含了大量的冗余数据，而通过第二种表达方式来描述信息可以得到显著的压缩效果；如果$n_2 \gg n_1$，则$CR \to 0$，$RD \to -\infty$，表明第二种信息表达方式不但没有对第一种方式加以压缩，反而引入了大量的冗余数据，造成了数据扩展。

在数字图像压缩中，有三种基本的数据冗余：编码冗余、像素间冗余和心理视觉冗余。通过减少或消除这三种冗余中的一种或多种时，便能实现数据压缩。

1. 编码冗余

编码是符号系统（字符、数字、位以及类似的符号），用于表示信息的主体或事件的集合。每个信息或事件都被赋予一个编码符号序列，称为码字。每个码字中符号的个数即为该码字的长度。下面将通过一个例子论述编码冗余，现有一幅 256 灰度级图像见表 4-1[①]。

表 4-1　256 灰度级图像

21	21	21	21	97	154	223	223
21	21	21	21	97	154	223	223
21	21	21	21	97	154	223	223
21	21	21	21	97	154	223	223
8	49	49	49	133	133	133	255
8	49	49	49	133	133	133	255
8	49	49	49	133	133	133	255
8	49	49	49	133	133	133	255

如果我们直接使用通常的 8 位的方式来表示图像，则每个像素需要 8 比特。但是，观察图像中的像素值可以发现，用 8 位来表示的 256 个灰度级中的大部分其实都并未在该图像中出现，而图像中真正使用到的灰度级仅为 8 种。由于 $2^3 = 8$，因此，我们可以很自然地考虑使用 3 比特来对这幅图像中所出现的 8 种特定灰度加以编码，如此一来，每个像素只需要 3 比特便能完成编码。对于具有 m 个灰度级的图像而言，"自然"的编码方式便是使用 $\log_2 m$ 比特的等长编码。

不过，进一步观察图像便能发现，图像中不同的灰度值出现的概率并不相同。例如，灰度值 21 出现的概率为 $16/64 = 1/4$，而灰度值 255 出现的概率则为 $4/64 = 1/16$。显然，为了使得表示一幅图像数据所需的总比特数更小，更加合理的做法是用较少的比特数来编码出现概率较大的灰度值，而用较多的比特数来编码出现概率较小的灰度值。根据这一编码方式，每个像素的平均编码长度为 $L_{agg} = 2 \times \dfrac{1}{4} + 2 \times \dfrac{3}{16} + 2 \times \dfrac{3}{16} + 3 \times \dfrac{1}{8} + 4 \times \dfrac{1}{16} + 5 \times \dfrac{1}{16} + 6 \times \dfrac{1}{16} + 6 \times \dfrac{1}{16} = 2.9375(比特)$。

相比于 3 比特的自然编码方式，使用以上变长编码可以得到的压缩率为 $3/2.9375 = 1.021$，即相比于变长编码方式，3 比特的自然编码存在约 2% 的编码冗余，冗余水平为 $RD = 1 - 2.9375/3 = 0.021$。

图像中不同灰度值的出现概率可以方便地由图像的灰度直方图进行归一化处理后获得：

---

① 郭斯羽. 面向检测的图像处理技术 [M]. 长沙：湖南大学出版社，2015：161-182.

$$p_r(r_k) = \frac{n_k}{n}, \quad k = 0, \ 1, \ \cdots, \ L - 1 \tag{4-3}$$

式中，r_k 为一个表示图像灰度级的离散随机变量，L 为灰度级个数，n_k 为第 k 个灰度级在图像中出现的次数，n 为图像中的像素总数，$p_r(r_k)$ 表示 r_k 出现的概率。如果用于表示 r_k 值的编码长度为 $l(r_k)$ 比特，则表示一个像素所需的平均比特数为：

$$L_{wog} = \sum_{L-1}^{k=0} l(r_k) \, p_r(r_k) \tag{4-4}$$

而对整幅图像进行编码所需的总比特数为 $n\mathrm{L}_{\mathrm{avg}}$。

如果图像的灰度值在进行编码时所使用的编码长度大于实际所需的编码长度，则使用这种编码方式得到的图像便包含了编码冗余。通常，当被赋予事件集（如灰度值的集合）的编码没有充分利用各种结果出现的概率时，便会存在编码冗余。当一幅图像的灰度值直接利用自然二进制编码来加以表示时，通常都会存在编码冗余，因为绝大多数图像的直方图都不是均匀分布的，即图像中总有某些灰度值比其他灰度值有着更高的出现概率。使用自然二进制编码并未利用这一不均匀性，而对具有任意出现概率（自然也包括最大和最小出现概率）的灰度值都分配相同的比特数，由此便产生了编码冗余。

2. 像素间冗余

在变长编码中，应考虑单个像素的灰度值在出现概率上的不同。但是，编码方式的不同不会影响图像的不同像素之间的相关程度，也就是说，表示单个像素灰度值的编码与像素间的相关性无关，这些相关性来自图像中对象的结构或相互间的几何关系。

单个像素点中所携带的信息至少有部分是可以通过邻近像素点所携带的信息来加以估计和恢复的。实际上，单一像素对于一幅图像的视觉贡献多数都是冗余的。例如在一般的图像中，除开灰度级发生显著突变的边缘区域之外，绝大多数的图像区域均是仅受随机噪声影响的均匀灰度区域或灰度变化缓慢的区域，这些区域中的像素点的灰度值基本都可以根据邻近的像素值加以推测。对于视频图像序列而言，在相邻的图像帧之间也同样存在类似的冗余。包括空间冗余、几何冗余、帧间冗余等多个术语都用来表示这样的像素间的依赖性，这些术语可以统称为"像素间冗余"。

要消除图像的像素间冗余，通常需要将人类视觉可以直接理解的原始二维像素阵列加以变换，成为可以更加有效处理的形式（变换后的形式常常是"不可见的"）。如果原始的图像数据可以根据变换后的数据进行重构，则称该变换为可逆的。

3. 心理视觉冗余

眼睛对于不同视觉信息感受的灵敏度有所不同。人类对于图像信息的感知并不牵涉到对图像中单个像素的灰度值的定量分析。通常，观察者在图像中寻找边缘或纹理区域这样的可区分特征，然后在大脑中将其合并为可识别和理解的组群，通过将这些组群和已有知识相联系来完成图像的解释过程。在正常视觉处理过程中，各种信息的相对重要程度不同，而那些不十分重要的信息便称为心理视觉冗余。我们能够在不明显降低图像感知质量的情况下消除这些冗余。

对于正常的视觉处理过程而言，由于并非所有图像信息都是必须加以保留的内容，因此，我们有可能消除心理视觉冗余。而这一消除过程通常会导致一定量的信息的丢失，该过程常称为"量化"。量化带来了数据的有损压缩，因此这一消除过程是不可逆的。

灰度级的量化过程很可能会引入伪轮廓，从而产生虚假的图像信息。这样的伪轮廓可以通过所谓的"抖动"技术在一定程度上给予消除，抖动技术通过利用人类视觉对于颜色的敏感性相对较高而对空间分辨率的敏感性相对较低的特点，在不同灰度级区域边界附近按渐变的比例分配来混合具有不同灰度级的像素，并通过人眼的空间平滑作用，使得人类观察者在这样的区域边界处感知到更为平滑渐变的灰度变化，从而消除了伪轮廓。另一个量化的例子是商业电势的标准 2∶1 隔行扫描方式，其中相邻帧的交错部分，使得在图像视觉品质下降很少的情况下，能够降低视频扫描率。

（二）保真度准则

保真度准则是对图像压缩过程中所丢失的信息的性质和范围进行可重复定量分析的依据，包括客观保真度准则和主观保真度准则。

如果信息的损失程度可以表示为初始图像或输入图像以及经压缩再解压后复原的输出图像的函数时，便可以说这种信息损失程度的描述是基于客观保真度准则的。一种常见的客观保真度准则即为输入图像和输出图像间的均方根（RMS）误差。令 $f(x, y)$ 为输入图像，$\hat{f}(x, y)$ 为输入图像经压缩再解压后得到的 $f(x, y)$ 的估计或近似。设图像大小为 M×N 像素，则 $f(x, y)$ 和 $\hat{f}(x, y)$ 之间的均方根误差 e_{RMS} 为：

$$e_{\text{RMS}} = \sqrt{\frac{1}{MN} \sum_{M-1}^{x=0} \sum_{N-1}^{y=0} e^2(x, y)} = \sqrt{\frac{1}{MN} \sum_{M-1}^{x=0} \sum_{N-1}^{y=0} \left[\hat{f}(x, y) - f(x, y)\right]^2} \quad (4-5)$$

另一种客观保真度准则是压缩-解压图像的均方信噪比，此时解压后的图像被视为初始图像（信号）和误差（噪声）的和，定义如下：

$$\text{SNR}_{\text{MS}} = \frac{\sum_{M-1}^{x=0} \sum_{N-1}^{y=0} \hat{f}^2(x, y)}{\sum_{M-1}^{x=0} \sum_{N-1}^{y=0} \left[\hat{f}(x, y) - f(x, y)\right]^2} \quad (4-6)$$

（三）图像压缩的系统模型

图像压缩系统包括压缩器和解压缩器两个主要的结构块。压缩器对输入图像 $f(x, y)$

进行某种形式的压缩编码，生成数码率小于原始图像的一组符号，便于在信道中传输。这组符号经过信道到达接收端，成为解压器的输入。解压器对压缩后的符号解码得到输出图像 $\hat{f}(x, y)$。

压缩器包括信源编码和信道编码两部分，相应的解压器中包括信道解码和信源解码两部分。信道解码是信道编码的逆操作，而信源解码是信源编码的逆操作。信源编码器用于减少或消除输入图像中的三种数据冗余，实现数据压缩。信道编码器实际上是差错控制编码器。由于信源编码器的输出中几乎不包含冗余信息，因此对传输中的噪声敏感性高，即使是小的噪声也可能造成大量误码。信道编码器通过在信源编码器的输出中增加预先规定好的有规律的冗余信息，使得接收端能对收到的信息加以验证，以确定其是否满足预先设定好的规律，从而判断传输过程中是否出错，由此提高了信源编码器输出在信道中传输时的抗干扰能力。如果传输信道无噪声，则信道编解码器均可略去。就图像压缩而言，压缩工作主要由信源编码器完成，因此以下的叙述中，压缩器和解压器仅指信源编解码器。

转换器是通过某种方法消除图像中的像素间冗余，这一过程一般是可逆的，图像信息不会遭受损失，并且有可能直接减少图像的数据量。在信源解码器中，通过反向转换器便能将转换后的数据恢复为原来的图像数据；量化器在保真度许可的范围内降低转换器的输出精度，从而减少输入图像中的心理视觉冗余。量化操作伴随有信息的损失，因此是不可逆的。也由于这种不可逆性，在信源解码器中并没有与之对应的反向量化器；符号编码器是信源编码的最后阶段，通过一定的编码方法来减少编码冗余，一般而言该过程也是没有信息损失的。

通过转换、量化和符号编码等三种相继的操作可以减少或消除图像中的三种冗余，不过并非每个图像压缩系统都必须包括这三种操作。例如在无损压缩中便不存在量化环节。

（四）图像压缩的编码类型

根据压缩过程中是否有信息损失，图像压缩编码可分为无失真编码和限失真编码两大类。无失真编码在解码时可以完全恢复原始图像信息，而限失真编码则不能完全恢复原始图像信息，存在信息损失，不过这种损失通常不易为观察者所察觉。

无失真编码可分为变长码和定长码。定长码利用相同的位数对数据编码。大多数存储数字信息的编码系统都采用定长码，最常见的有行程编码和 LZW 编码；变长码基于统计得到的像素出现概率的不同来用不同的位数对像素进行编码，以消除编码冗余。常见的变长码包括 Huffman 编码和算术编码。

无失真编码能对图像进行无损压缩，但压缩比一般不高。为了获得更高的压缩比，常常需要在图像质量上做出妥协，通过引入一定的失真来提高压缩比，不过一般会将失真限制在某个可接受的范围之内，因此称为限失真编码。常用的限失真编码又可分为预测编码和变换编码两类，它们都通过消除像素间冗余并利用人眼的生理特性来减少心理视觉冗余，以实现数据压缩。

预测编码根据已知像素值以及像素间的相关关系来预测当前待编码像素的值，并对预测值和真实值之间的误差进行量化和编码。如果预测较为准确，则误差较小，其量化和编码便相对简单，从而达到压缩的目的。预测编码分为线性预测和非线性预测。在线性预测中，预测值是前面若干个值的线性函数。如果用于预测的是同一行或同一列中的前面若干像素，则称为一维预测法；如果使用的是多行多列的像素，则称为二维预测法；有时对于图像序列，还会使用图像帧之间的相关性来进行预测，称为三维预测法。无论是哪种线性预测方法，一旦方法确定，则预测模型即线性函数中的系数便被确定下来，不再随待编码图像内容的变化而变化。由于线性预测没有充分考虑待编码图像的特点，因此压缩比受到限制。更合理的做法则是根据图像内容适当调整预测模型的参数，以获得更好的压缩效果，这便是自适应预测编码，有时也称非线性编码。

变换编码通过对图像数据进行某种形式的正交变换，使得变换后的数据（系数）之间的相关性较小甚至无关，再对这些系数进行编码，达到数据压缩的目的。变换编码的基本过程是将原始图像进行分块，然后利用傅里叶变换、沃尔什-哈达玛变换、哈尔变换、余弦变换、K-L变换等对各块数据进行变换，对变换后的数据进行量化和编码。这些变换通常使得图像的大部分重要信息集中于相对很少的系数上，而那些仅具有极少图像信息的多数系数被粗略地量化甚至丢弃，从而实现较高的压缩比。

1. 无失真编码

（1）行程编码。行程编码（RLE）是在20世纪50年代发展起来的一种编码技术。行程编码及其二维扩展已成为传真编码的标准压缩方法。行程编码的基本思想是对一个具有相同值的连续像素串用代表该灰度值以及串长度的数据来表示。这种方法特别适合于如计算机生成的图像与黑白图像这类往往具有较长的相同灰度或颜色值的连续像素串的图像。这些具有相同颜色值的像素串称为行程，有时也称为游程。

行程编码分为定长行程编码和变长行程编码。定长行程编码中，行程的最大长度固定，因此可用固定长度的编码位数来表示行程长度。如果实际行程长度超过了该最大长度，则行程将被拆为若干个具有相同颜色的行程段，每一段的长度都不超过最大行程长度。变长行程编码对不同的行程长度使用不同的位数来编码，对行程长度无限制，但需要额外的标志位来说明行程长度编码本身的位数，有时可能会使得编码后的数据相对而言更长些。

行程编码原理直观，运算简单，压缩及解压缩速度快。压缩比主要取决于图像本身的特点，一般来说，图像中所使用的颜色数量越少，就越有可能出现较长的同一颜色的连续像素串，也越有利于压缩。正因如此，行程编码一般多用于文字图像以及二值图像，而不直接应用于常见的 256 灰度级图像以及彩色图像，因为此时由于图像中色彩丰富，容易形成数量极大的非常短小的行程，使得行程编码不但不能压缩数据，反而会造成更大的数据冗余。实际中，行程编码常与其他编码方式混合使用，例如在 JPEG 压缩中与离散余弦变换和 Huffman 编码一同使用。

（2）LZW 编码。LZW（Lempel-Ziv-WelCh，LZW）编码是一种消除图像像素间冗余的无损定长编码技术，已被应用于 GIF、TIFF、PDF 等众多主流图像文件格式之中。LZW 算法由一个初始模型开始，逐段读取数据，然后更新模型并对数据进行编码。LZW 是一种基于字典的压缩算法，数据经过压缩后成为一个对字典内容进行索引的索引值。由于字典中的一条记录可能对应于一个较长的字符串，因此，当用该字符串的索引值代替字符串本身时，即能达到压缩的目的。

第一，压缩方法。LZW 以一个 256 字符的字典开始编码，这 256 个字符称为"标准"字符集合。对于 256 灰度级的图像而言，这 256 个字符便对应了 0 到 255 的灰度级。当编码器顺序地分析图像像素时，如果发现字典中没有包括的灰度级序列由算法决定其在字典中的位置。例如，当图像的前两个像素均为白色时，序列"255-255"通常会被分配在索引值为 256 的字典位置上。今后再遇到连续两个白色像素，就可以用码字 256（灰度级序列 255-255 对应的索引值）来表示它们。如果字典大小为 2^m 则每个码字为 m 位。显然，字典大小是一个重要的系统参数，如果字典太小，则难以发生灰度级序列的匹配；如果字典太大，则码字尺寸随之增大，有可能影响到压缩性能。常用的字典最大长度为 $2^{12}=4096$，此时一个码字为 12 位。虽然单个码字比压缩前单个像素的位数还要多些，但如果像素间存在较强的冗余，则可以预期会比较频繁地重复出现某些较长的灰度级序列，这些序列将被单个码字所代替，从而得以实现压缩。

LZW 压缩过程中主要使用两个变量来控制编码和字典生成的过程，一个是当前匹配的序列或字符串前缀，另一个是当前待处理的像素或字符。前缀被初始化为空。如果当前待处理像素与前缀构成的像素序列并未在字典中出现，则编码输出前缀在字典中的索引值，同时由前缀和当前处理像素构成的新像素序列被加入字典，其位置一般可放在字典中第一个尚未被使用的位置，然后将前缀更新为当前处理像素，并处理下一个像素；如果当前待处理像素与前缀构成的像素序列已经存在于字典中，则不输出编码，将前缀与当前处理像素构成的像素序列作为新的前缀，并处理下一个像素。

第二，解压缩方法。LZW 的解压缩方法也十分简单，而且除了要求初始字典与压缩时的初始字典一致之外，解压缩算法不需要其他字典，而是在解压缩过程中创建一个与压缩过程创建的字典一样的字典。LZW 解压缩算法首先读取一个码字，并根据该索引在字典中查找，输出与之对应的字符串。该字符串的第一个字符连接到前一个码字译码所得的字符串后，然后将所得的新字符串加入字典之中，并令前一个码字等于当前码字，重复该过程直至所有码字均处理完毕。

（3）Huffman 编码。Huffman 编码是消除编码冗余的最常用的方法，其基本原理是将信源符号按出现概率大小排序，对概率大的符号分配短码，而概率小的符号分配长码。当符号的出现概率均为 2 的整数次幂时，Huffman 编码的平均长度可达到最小值即信源的熵，因此有时它也被称为最佳编码。

在 Huffman 编码的过程中，将得到一张记录了所有信源符号码字的 Huffman 编码表。经 Huffman 编码后的数据与 Huffman 编码表一同被存储和传输，解码时通过简单地查表便可完成。Huffman 编码是瞬时的，即符号串中的每个码字无须参考后继符号便可完成解码；这种编码又是唯一可解码的，即任何符号串仅能按一种方式被解码。

Huffman 编码表的编制过程如下：

第一，将消息按照出现概率由大到小排列，记为 $p_1 \geqslant p_2 \cdots \geqslant p_{m-1} \geqslant p_m$。

第二，将符号 1 赋予最小概率 p_m，符号 0 赋予次最小概率 p_{m-1}。

第三，计算联合概率 $p_i = p_{m+}p_{m-1}$，将未处理的 $m-2$ 个概率与 p_i 一同进行排序。

第四，重复上述步骤，直至所有概率都被赋予了一个符号为止。

不过由于 Huffman 编码为无损编码，受信源本身概率分布的限制，其压缩比并不是很高，一般常与其他压缩方法一起使用。

（4）算术编码。以上所述的行程编码、LZW 编码和 Huffman 编码方式中，信源符号和码字之间都存在对应关系，有时也称为块码。算术编码则不同，它生成的是非块码，此时信源符号与码字之间并不存在一一对应关系。码字并非赋予某个信源符号，而是赋予整个信源消息序列。算术编码的码字定义了一个 [0，1) 之间的实数子区间，区间中的任一实数便代表了需要编码的消息序列。当消息中的符号数目增加时，区间变得更小，从而需要更多的信息单元（如实数的位数）来表示编码。下面我们通过示例来说明算术编码过程。算术编码的解码过程如下，以 0.292 为例：

第一，根据码字所在范围确定消息序列的第一个码字。0.292 落在区间 [0.2，0.4] 中，因此第一个字符为 b。

第二，消除已译码字符在码字中的部分，以确定下一个码字。消除过程是编码运算的逆运算，即从码字 0.292 中减去 b 的区间下限 0.2，然后再除以 b 的区间宽度 0.4-0.2 = 0.2，得到新的码字 0.46。

第三，重复上述步骤，直到码字处理完毕。

由于编码过程中仅使用了代数运算和移位运算，因此得名算术编码。理论上而言，如果编码序列越长，算术编码就越接近于无噪声编码的理论极限。但在实际中，有两个因素使得编码效率无法达到这个极限：一是需要引入消息结束符来区分不同的消息；二是实数运算的精度是有限的。

2. 预测编码

对于常见的静态图像与视频图像而言，在空间与时间上相邻的像素值间常存在明显的相关关系。预测编码通过去除图像的像素间冗余来实现压缩。预测指利用已知的信息来估计未知信息，对图像而言，便是利用已知的像素值来估计待编码的像素值。待编码像素的估计值和实际值之间存在误差，但由于像素间冗余的存在，该误差的取值范围往往较像素绝对值的取值范围要来得小。像素间的相关性越强，就越容易达到更为准确的预测，误差的绝对值也越小，用于表示误差的位数也可以更少，最终达到数据压缩的目的。

预测编码可分为无损预测编码和有损预测编码。系统的编解码器中均包含一个相同的预测器，编码器预测器根据已经进行了编码的若干已知像素值 f_{n-k}（$k>0$）来预测当前待编码像素 f_n 的值，所得到的预测值 $\hat{f}_n$ 和真实值之间的误差 $e_n = f_n - \hat{f}_n$ 被编码并输出；而解码器则根据解码后的预测误差 e_n 和预测器输出的预测值 $\hat{f}_n$ 来无损地重构图像像素值 f_n。

如果对预测误差进行量化处理，则可以显著提高压缩的效率，但这是以一定程度的失真为代价的。

（1）线性预测。预测器是预测编码中最重要的环节，预测的优劣决定了压缩的质量。有多种方法可用于产生预测值 $\hat{f}_n$，但多数情况下预测值都是取若干之前的已知像素值的线性组合，即

$$\hat{f}_n = round\left(\sum_m^{i=1} \alpha f_{n-i} \right) \tag{4-7}$$

根据不同的"之前像素"的定义，这些已知像素既可以来自待编码像素的同一行或同一列，也可以来自邻近的不同行和不同列，甚至可以来自空间上邻近的不同行列以及时间上邻近的不同图像帧。

线性预测中，最重要且最困难的问题便是预测系数 a_i 的确定。在线性预测理论中，上述问题常被视为一个 AR 模型的求解问题，可以用最小二乘法估计及相关矩估计来求解，也可以利用序列最小二乘法、Yule-Walker 方程递推算法或 AR 模型参数估计的格型算法来求解。但一般而言，计算线性预测的预测系数是一个较为耗时的任务，而且计算得到的预测误差与人眼的视觉特性也并非十分匹配。很多文献利用实验给出了若干经验式的预测系数，可在实际应用中参考使用。不过对于现行预测而言，一旦预测方程被确定下来，它就将被用于之后所有由此编码系统进行编码的图像，而不会随图像内容发生改变。

（2）量化器。有损预测编码的失真大小取决于量化器及其与预测方法的结合。不过量化器与预测方法间的相互作用较为复杂，因此，在设计时一般是单独考虑的，即设计预测器时认为量化器无误差，设计量化器时也仅根据其自身的设计原则进行，不考虑预测器。

一般而言，量化可分为两类：标量量化（又称无记忆量化或一维量化）和矢量量化（又称为记忆量化或多维量化）。标量量化针对每个单独的取样值进行量化，与其他取样值无关；矢量量化则是针对一组取样值进行量化，从码字集合中选出使输入取样值序列失真最小的一个码字来编码。矢量量化比标量量化具有更强的压缩能力，并常与其他编码方法结合使用，如与变换编码结合使用。

标量量化。最简单的标量量化是等间隔量化或均匀量化。量化器的工作范围 $[-U, U]$ 被 $N+1$ 个判决电平 x_0，x_1，$\cdots x_N$ 等分为 N 个区间 $R_i = (x_{i-1}, x_i]$（$1 \le i \le N$），此外还有两个处于边缘的过载区间 $R_0 = (-\infty, x_0]$ 和 $R_{N+1} = (x_N, \infty)$。N 称为量化器的量化级数。每个量化区间 R_i 对应一个恒定的量化器输出 y_i。量化器由此便将无限多个可能的输入值映射为有限的 N 个值。一般取 y_i 为区间 R_i 的中点，此时的均匀量化的输入-输出特性曲线与误差特性曲线分别如图 4-2 和图 4-3 所示。

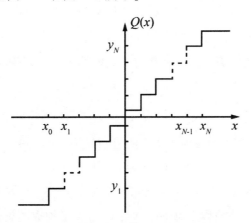

图 4-2　均匀量化器的输入-输出特性

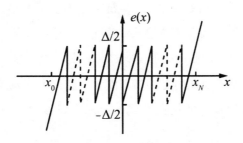

图 4-3　均匀量化器的误差特性

假设输入信号出现于过载区的概率为 0，且量化间隔 $\Delta = 2U/N$ 足够小，使得各个量化

区间内信号的分布近似于均匀分布，则量化噪声（量化误差）功率为

$$D = \int_{-\infty}^{+\infty} [Q(x) - x]2p(x)\,\mathrm{d}x = \sum_{N}^{i=1} \int_{x_{i-1}}^{x_i} (y_i - x)^2 p(x)\,\mathrm{d}x$$

$$\approx \sum_{N}^{i=1} p(y_i) \int_{x_{i-1}}^{x_i} (y_i - x)^2 \mathrm{d}x = \frac{1}{12} \sum_{N}^{i=1} p(y_i) \Delta^3 \qquad (4\text{-}8)$$

$$= \frac{\Delta^2}{12} \sum_{N}^{i=1} p(y_i) \Delta \approx \frac{\Delta^2}{12} \sum^{i=1} P(y_i) = \frac{\Delta^2}{12}$$

可见，增加量化级数以减小量化间隔，可以降低量化噪声，但这是以更多的对量化值进行编码的位数为代价的。定量而言，每增加一位编码位数，可使信噪比增加 6dB。此外，由均匀量化的误差特性可见，均匀量化对大信号和小信号的量化误差是一样大的，因此对于小信号，量化信噪比低。预测编码的一个重要前提便是预测误差大多数均取小值，因此，为了满足对小的预测误差的失真要求，需要对小信号有较高的信噪比，因而必须增加编码位数，而这些编码位数对于大的预测误差而言则是一种浪费。为了解决这一矛盾，引入了非均匀量化。

非均匀量化通常通过压缩扩张法来实现。输入信号首先经非线性函数 $F(x)$ "压缩"，压缩信号进行均匀量化后再用 $F(x)$ 的逆函数进行"扩张"以还原得到量化输出。非均匀量化的量化间隔在量化范围内并不相等，而是对小信号取小的量化间隔，对大信号则取大的量化间隔，从而在相同的编码位数下获得更高的期望量化信噪比。常用的压扩特性有 A 律特性和 m 律特性，分别如下：

$$\begin{cases} y = Ax/(1 + \ln A) & 0 \leqslant x \leqslant A^{-1} \\ y = (1 + \ln Ax)/(1 + \ln A) & A^{-1} \leqslant x \leqslant 1 \end{cases} \qquad (4\text{-}9)$$

$$y = \ln(1 + \mu x)/\ln(1 + \mu) \qquad (4\text{-}10)$$

矢量量化。一个 K 维矢量量化器的输入是由 K 个取样值构成的矢量 $\boldsymbol{x} = (x_1, x_2, \cdots x_K)$，其输出是被称为码书的 N 个码字矢量构成的集合 $\{\boldsymbol{y}_1, \boldsymbol{y}_2, \cdots \boldsymbol{y}_N\}$ 中的一个矢量。首先将所有可能的输入取样矢量构成一个 K 维实空间 R^K，然后按一定的规则将 R^K 划分为 N 个"区间" S_i $(1 \leqslant i \leqslant N)$。在每个 S_i 中，根据最优量化找到一个点；$\boldsymbol{y}_i$ 作为该区间的输出向量，凡落入区间 S_i 的输入就用 $\boldsymbol{y}_i$ 作为输出，从而完成量化。

矢量量化过程最为关键的两步便是建立码书以及针对特定输入寻找或说搜索与之对应的码字的过程。而搜索主要涉及在给定的失真度量下如何迅速找到与特定输入最为匹配的码字矢量。虽然当 N 较小时可以使用穷举式匹配来完成搜索，但当 N 较大时，则必须采取更为高效的搜索方法。

3. 变换编码

预测编码技术直接利用图像像素在空间域的相关性来消除像素间冗余，而变换编码则

是对图像进行某种正交变换，使得变换后的系数相互之间相关性减小甚至无关，并使得图像的重要信息能相对集中于较少的系数之上，通过粗略量化乃至丢弃包含信息较少的系数来减少数据量。

一幅较大的输入图像常被分割为若干个 $n \times n$ 大小的子图像，然后在子图像上进行图像变换，以简化变换过程。常见的 n 值为 8 或 16，通常取为 2^k 形式。当图像不足以被恰好分割为若干 72×72 的方形子图像时，可对图像进行人为扩充来满足整除的要求。

子图像经变换后一般成为一个 $n \times n$ 的系数矩阵，对于人眼视觉而言显著的图像能量通常集中在少数直流与低频分量上，而高频分量所占据的能量比例一般很小。去除这些高频分量虽然会造成失真，但是人眼较难感知这些失真，说明这些高频分量主要对应了心理视觉冗余，对其进行粗略量化或丢弃可以减少心理视觉冗余，达到压缩图像的目的。经量化后的系数再通过特定的编码方式去除编码冗余，便得到了最终的压缩结果。解码时，将编码后的系数复原为变换系数的近似值，再通过求取逆变换得到复原的子图像，最后将各个复原的子图像合并为整幅解压图像。

（1）常见的图像变换。有多种图像变换可用于变换编码，如离散傅里叶变换（DFT）、K-L 变换、Haar 变换、Walsh-Hadamard 变换、离散余弦变换（DCT）、斜变换等。现对各种变换做简要介绍如下：

第一，二维离散傅里叶变换。设有 $N \times N$ 的图像 $f(x, y)$，其 DFT 系数为 $F(u, v)$，则 f 与 F 之间的变换关系如下：

$$F(u, v) = \frac{1}{N} \sum_{N-1}^{x=0} \sum_{N-1}^{y=0} f(x, y) e^{-j2\pi(ux+vy)/N} \tag{4-11}$$

$$f(x, y) = \frac{1}{N} \sum_{u=0}^{N-1} \sum_{v=0}^{N-1} F(u, v) e^{j2\pi(ux+vy)/N} \tag{4-12}$$

式中，$0 \leqslant x, y < N, 0 \leqslant u, v < N$。

一般性的离散变换及其逆变换可写为：

$$T(u, v) = \sum_{N-1}^{x=0} \sum_{N-1}^{y=0} f(x, y) g(x, y, u, v) \tag{4-13}$$

$$f(x, y) = \sum_{N-1}^{u=0} \sum_{N-1}^{v=0} T(u, v) h(x, y, u, v) \tag{4-14}$$

式中，$0 \leqslant x, y < N, 0 \leqslant u, v < N$；$g(x, y, u, v)$ 和 $h(x, y, u, v)$ 分别称为变换和逆变换的变换核函数。如果成立 $g(x, y, u, v) = g_1(x, u) g_2(y, u)$ 或 $h(x, y, u, v) = h_1(x, u) h_2(y, v)$，则称相应的变换核为可分的；如果成立 $g(x, y, u, v) = g_1(x, u) g1(y, u)$ 或 $h(x, y, u, v) = h_1(x, u) h_2(y, v)$，则称相应的变换核为对称的。

因此，二维离散傅里叶变换的变换核是可分且对称的。利用这一性质，二维离散傅里叶变换可转换为先按行再按列进行的两个一维离散傅里叶变换，从而简化运算。

第二，离散余弦变换。二维 DCT 的变换与逆变换公式如下：

$$F(u, v) = \frac{2}{N}A(u)A(v)\sum_{x=0}^{N-1}\sum_{y=0}^{N-1}f(x, y)\cos\frac{(2x+1)u\pi}{2N}\cos\frac{(2y+1)v\pi}{2N} \quad (4-15)$$

$$f(x, y) = \frac{2}{N}\sum_{u=0}^{N-1}\sum_{v=0}^{N-1}A(u)A(v)F(u, v)\cos\frac{(2x+1)u\pi}{2N}\cos\frac{(2y+1)v\pi}{2N} \quad (4-16)$$

式中：

$$A(w) = \begin{cases} 1/\sqrt{2} & w=0 \\ 1 & w\neq 0 \end{cases} \quad (4-17)$$

可见二维 DCT 变换及逆变换的变换核也均为对称的。DCT 可以由 DFT 求得。与 DFT 不同，DCT 变换得到的系数均为实值。而且 DCT 具有良好的去相关性能，变换系数的能量也相对更为集中，并具有易于硬件实现的快速算法，因此，在图像压缩领域具有广泛应用。

第三，离散 K-L 变换。离散 K-L 变换也称为 Hotelling 变换、特征向量变换或主分量变换，是图像变换中性质最佳的一种。离散 K-L 变换基于图像的统计性质，其方法是求出一个标准的变换矩阵，将原有的 N^2 维随机向量转换为由一组新的 m 个主分量维构成的向量，这些新的主分量维彼此不相关，即在特征域中相互独立。

设 $\mathbf{x}^T = [x_1, x_2, \cdots x_{N^2}]$ 和 $\mathbf{y}^T = [y_1, y_2, \cdots y_{N^2}]$ 为 2 个 N^2 维的随机向量，$\mathbf{A} = [a_1, a_2, \cdots a_{N^2}]^T$ 为一个正交变换矩阵，$\mathbf{a}_i, = [a_{i1}, a_{i2}, \cdots a_{iN^2}]^T$ 为 N^2 维基向量。假设 $\mathbf{A}$ 为实值且正交归一的，即

$$\mathbf{A}^T\mathbf{A} = \mathbf{I} \quad \mathbf{A}^{-1} = \mathbf{A}^T \quad (4-18)$$

则 $\mathbf{x}$ 和 $\mathbf{y}$ 之间存在可逆的变换：

$$\mathbf{x} = \mathbf{A}^T\mathbf{y} \quad \mathbf{y} = \mathbf{A}\mathbf{x} \quad (4-19)$$

为了达到数据压缩的目的，我们可以仅使用 y 中的 m 个分量 $(y_1、y_2、y_m)^T$ 来估计 $\mathbf{x}$，其中：

$$y_i = \mathbf{a}_i^T\mathbf{X} \quad (4-20)$$

如果 $\mathbf{A}$ 由随机向量 $\mathbf{x}$ 的协方差阵 $\sum_x$ 的特征向量组成，且特征向量按特征值的绝对值大小由大到小排列，即 $\mathbf{a}_1$ 对应于绝对值最大的特征根 λ_1 对应的特征向量，$\mathbf{a}_2$ 对应于绝对值次大的特征根 λ_2 对应的特征向量，等等，则仅使用 $\mathbf{y}$ 的前 m 个分量来估计 $\mathbf{x}$ 而略去其余 N^2-m 个分量时，估计的均方误差达到最小，为：

$$\varepsilon^2(m) = \sum_{i=m+1}^{N^2} \lambda_i \tag{4-21}$$

此时的变换 $\mathbf{y} = \mathbf{A}\mathbf{x}$ 称为离散 K-L 变换。

尽管从理论上而言，K-L 变换是最佳的正交归一化图像变换，但它依赖具体的图像数据，且求解过程复杂、计算速度较慢，因此在实际中应用较少。

（2）子图像的大小选择。作为变换编码基本单元的子图像，其大小 n 的选择十分重要，关系到变换的计算量以及传输时的差错影响。显然，减小 n 可以减少计算量，但编码误差会增大，而且一般当 $n<8$ 时，会出现方块效应，即在相邻子图像的边界处会出现较为明显的不同，这往往会影响解压图像的主观感知质量；而增大 n 则表明计入的相关像素数量更多，编码误差将会减小，但 n 太大时，新引入的像素与之前像素的相关性将变得不够明显，因此对图像质量改善的贡献也不显著，同时增加了计算量，也不利于处理图像中的细节。因此，n 一般取为 8 或 16，对质量要求不高时也可取 4，近来也有选用高达 256 的 n 值的情况。

（3）系数选择和比特分配。经过变换后得到的系数对解压图像的质量而言并非都具有相同的重要性。一般来说，图像能量主要集中在零频和低频部分，因此，可以选出较少的系数来用于图像解压。此外，即使对于保留下来的系数而言，其重要性也不尽相同，对于较低频的系数可以使用较多的比特数进行编码，而对于较高频的系数则可以进行更粗略些的量化，这一过程便是比特分配。目前常用的系数选择和比特分配的方法包括区域编码和阈值编码。

第一，区域编码。区域编码利用信息论中视信息为不确定性的概念，认为变换系数的方差越大，其包含的信息越多，重要性也越高。通常使用的如 DCT 变换等图像变换，其变换结果中具有最大方差的系数通常在零频附近，即变换后系数矩阵的左上角附近，因此典型的区域编码一般是先确定一个左上角处的保留系数区域模板，模板在这些保留位置上的值为 1，而处于右下部的其余模板值为 0，表明这些位置上的系数将被舍弃。

即使对于保留下来的系数，其重要性也有所不同，因此需要的编码位数也应有所区别。同样地，对于重要的系数，应使用较多的编码位数，而对于不那么重要的系数则可以使用更少的位数。根据这一考虑，可以利用一个比特分配模板来同时说明对哪些系数加以保留，以及对被保留的系数进行编码的位数为多少。

区域编码原理简单，能获得较好的压缩比，但它完全丢弃了高频系数，而在图像中，高频系数包含了图像边缘等细节信息，因此，丢弃了高频系数的压缩图像解压后可能出现边缘和细节模糊的情况，可能使得解压图像的质量不能令人满意。对于这种情况，可利用阈值编码加以解决。

第二，阈值编码。阈值编码仅保留那些幅值大于一定阈值的系数并编码输出，而舍弃掉其余的阈值。利用这种方式，某些高频系数仍能得到保留，从而弥补了区域编码将高频系数完全舍弃的缺陷。由于计算简单，阈值编码是实际中最常用的自适应变换编码方法。阈值编码的缺陷在于被编码系数在矩阵中的位置不确定，因此需要增加额外的位置编码，其码率相对要高一些。阈值编码中最主要的问题是如何确定阈值。通常有三种确定阈值的方法：①对所有子图像使用单一全局阈值，此时对不同图像而言，压缩比是不同的，具体的压缩比取决于子图像变换系数的分布情况；②对每幅图像使用不同的阈值，使得被丢弃的系数数量保持相同，此时编码率恒定且预先可知；③阈值是子图像中系数位置的函数，该方法得到的编码率可变，其好处在于可用某种标准量化矩阵实现阈值处理和量化过程的结合，这种方法应用较为广泛。

二、图像压缩技术的应用分析

当下，多媒体技术和通信技术迅猛发展，信息高速公路等对于数据存储和传输的要求越来越高，尤其是大数据量的数字图像通信，其存储和传输的难度更大，对于图像通信的发展有着比较大的限制，所以，对图像压缩技术的重视程度不断提高。此种技术有着重要的作用和功能，可以将原来的图像用比较少的字节表达和传输，同时对其质量进行有效保障。

（一）小波变换在图像压缩中的应用

小波变换是一种全新的变换分析方法，小波变换对短时傅里叶变换局部化思想进行了有效继承和发展。与此同时，其中存在相应的缺陷，主要是当频率发生变化的时候，窗口大小不随之发生相应变化，小波变换对此缺陷进行了相应避免和克服。其有着非常突出的特征，主要是能够在变换的过程中对相关问题的特点进行相应凸显，可以对时间或者空间频率的局部变化进行相应研究和分析，对伸缩平移运算方式进行充分应用。由此，对信号进行多尺度细化，进一步实现高频处时间细化和低频处时间频率细化的目标，对 Fourier 变换方面存在的比较难的问题进行相应解决和处理。

小波变换图像压缩方法的流程：原始图像输入—预处理—小波变换—量化—编码—存储或传输—解码—反量化—小波逆变换—后处理—解码图像输出。小波变换的构思是将任意一个函数 f 分解成不同尺度级别，在每个不同尺度级别中函数 f 还在这一个尺度相对的分辨率中被分解，尺度级是同频率相对的，当频率升高的时候，相对的分辨率就会升高。

当对图像压缩进行处理的时候，一般情况下，都是对二维正交离散小波变换进行充分应用。二维小波变换的具体过程：首先，对图像进行信息的小波变换；其次，进行列信息的小波变换，实际上是进行了两次一维小波变换。在二维基本离散小波函数方面，对其空间大小和尺度等因素进行相应的变化处理，对其进行相应处理有着非常重要的意义和作用，可以在此过程中，对相关函数公式进行有效获取，图像压缩算法有着非常重要的作用，可以对正交小波框架进行相应构建和形成，为小波变换的正交性提供重要保障。

在对 Mallat 算法进行充分应用的过程中，能够对不同级别小波分解的小波系数进行快速计算，此种算法是 mallat 提出的用于某一函数的二进小波分解和重构的快速算法，同时将原始信号分别采取低通和高通滤波，在此基础上，对两者分别做二元下抽样工作，从中得到关于低频和高频两种系数，在一定程度上减少小波变换的复杂度。

二维 Mallat 算法分解和重构是完全分散的，其实质是分别对图像数据的行和列做一维小波变换。当图像小波变换的时候，一般情况下都是对 Daubechies 小波函数进行相应应用，此种函数有着相应特征，主要是从两尺度方程系数出发设计出的离散正交小波。程序用 Matlab 中小波函数进行相应应用，对图像进行分解。一般情况下，将 Matlab 记做 dbN，N 所表示的是小波序号，其取值是 2，3，…10。此小波没有明确的解析表达式，小波函数和尺度函数的有效支撑长度是 $2N-1$，在 N 的取值是 2 的时候，就成了 Haar 小波。在 Matlab 中分解出来的系数能够当作小波函数的幅值，也就可以将二维图像当作是二维小波基函数的加权和。

高频分子图像上很多分点的数值都在 0 附近，从中可以看出，一个图像的最重要的部分都是低频部分，在 LH、HL、HH 子图中小波系数分布状况像是一个高斯分布。在对阈值的值进行相应的修改之后，能够从中得到合成图像系数是 0 的个数，大部分的高频系数的值都分布在 0 周围。特别是在阈值的不断增大的过程中，图像的压缩比也随之进行相应增加，在此情况下，保存文件的空间会越来越小，由此对有效压缩图像的目的进行实现，同时，对二进制小波进行相应应用，进行数字化处理，对于网络中的传输是非常有利的。

（二）图像压缩技术在网络中的应用

在图像压缩过程中，对小波变换进行充分应用，要对网络传输中图像的失真情况进行有效防止和避免，能够在一定程度上增加运动补偿技术，对于这种技术来说，主要是对之前的局部图像进行相应应用，对当下的图像进行预测和补偿，能够在一定程度上对帧序列的多余信息进行相应地减少。要对此目标进行相应实现，先要做的就是对编码图像进行细分，使其成为 16×16 的宏块，而且所有的宏块都要将对相关的规定和要求进行严格遵守，在所参考图像中搜索与之最相近的块。

在完成此操作之后，对 DCT 技术进行充分应用，并且对其进行编码，对残差图像中的帧内编码宏块进行变换和编码等操作，在此过程中，对 DCT 技术进行相应应用，在完成此操作之后得到的结果有着重要的作用，可以当作总数据的一部分输出到比特流中。所谓量化，是对有限的幅度值进行相应应用，将之前连续的幅度值与之近似化，同时，将模拟信号的连续程度变为有一定间隔的离散值。编码指的是遵循相关规律，对二进制进行相应应用，由此表示量化后的值进行转换成多值的数字信号流的过程。

其中，也有需要注意的问题和内容，主要是图像小波系数的扫面，通常情况下，对次要系数、正系数和负系数进行孤立，在游程编码的时候需要直接跳过去，此种操作有相应原因和理由，此系数有非常突出的特征，主要包括多和大，不能够与游程编码进行有效适应。对残差图像中相对的贞内编码块进行相应替换，主要应用的是残差块，进行替换之后的结果是残差图像全部由帧间编码构成，使其整体上更加接近 0。不过，在分块不足的是运动补偿的块变小的时候，所得到的残差图像的能量也会随之进行相应减小。与此同时，分块越来越小的时候，就会使得块不断增多，算法的复杂程度越来越大，矢量数目也会越来越多，此种情况也会产生影响，使得传输矢量所需要的数量越来越多，其中出现了大于图像残差能量。

因此，当对所节省的数据量进行相应减小的时候，所产生的影响是非常不利的。通过对此措施和手段的应用，使其作用和影响得到充分发挥，一定程度上提高图像传输的速度和质量，对其进行有效保障。

第三节　图像复原技术及其在车牌定位中的应用

一、图像复原技术的基础认知

如同图像增强一样，图像复原的最终目的是改善给定的图像。不过图像增强主要是一个主观的过程，图像增强技术的好坏主要是通过人对增强后的图像质量加以评判来确定的，而图像复原大多是一个客观的过程。图像复原利用有关退化过程的先验知识来对退化进行建模，然后采用退化过程的逆过程对退化后的图像进行处理，以重建或复原退化的图像。

通常而言，图像复原方法都会涉及建立某个评价优劣的准则，并依据这一准则来复原出"最佳"的估计图像。相比之下，图像增强技术则基本上是一个探索性的过程，通过不断尝试来找到一种改善图像的方法，以更好地适应人类视觉系统的生理感知特点。

（一） 图像退化/复原过程模型

退化过程可以被模型化为一个退化函数与一个加性噪声项。设退化函数用算子 H 表示，则未退化的"完美"图像 $f(x, y)$ 在退化函数以及加性噪声 $\eta(x, y)$ 的作用下成为实际获得的退化图像 $g(x, y)$：

$$g(x, y) = Hf(x, y) + \eta(x, y) \tag{4-22}$$

当 $g(x, y)$ 已知，且对于退化函数 H 和噪声 $\eta(x, y)$ 均有一定了解时，图像复原的目的便是获得尽可能接近于原始图像 $f(x, y)$ 的一个估计 $\hat{f}(x, y)$。通常而言，对于 H 和 $\eta(x, y)$ 了解越多，所得到的 $\hat{f}(x, y)$ 就会越接近于 $f(x, y)$。

如果系统 H 是线性且具有位移不变性的话，则退化过程式（4-22）可简化为：

$$g(x, y) = h(x, y) * f(x, y) + \eta(x, y) \tag{4-23}$$

其中，$h(x, y)$ 为系统 H 的脉冲响应函数，在光学中又被称为点扩散函数（PSF）。由于光学成像系统中造成像质下降（退化）的主要原因是衍射效应以及透镜的像差，此时，由点光源生成的像是一个弥散光斑，因此得名为点扩散函数。

式（4-23）的频域等价描述为：

$$G(u, v) = H(u, v)F(u, v) + N(u, v) \tag{4-24}$$

其中，$G(u, v)$、$H(u, v)$、$F(u, v)$ 和 $N(u, v)$ 分别为 $g(x, y)$、$h(x, y)$、$f(x, y)$ 和 $\eta(x, y)$ 的傅里叶变换。$H(u, v)$ 称为退化过程 H 的传递函数。

对 $f(x, y)$ 和 $h(x, y)$ 进行均匀采样可以得到离散化的退化模型，此时式（4-23）变为：

$$g(x, y) = \sum_{M-1}^{m=0} \sum_{N-1}^{n=0} f(m, n)h(x - m, y - n) + \eta(x, y), \ 0 \leq x \leq M - 1, \ 0 \leq y \leq N - 1 \tag{4-25}$$

其中，$g(x, y)$、$h(x, y)$、$f(x, y)$ 和 $\eta(x, y)$ 均为周期等于 M 和 N 的周期函数。如果其中某个函数 $w(x, y)$ 的大小不等于 $M×N$ 而是等于 $K×L$，则需要将它进行补零延拓成为 $M×N$ 大小，延拓方法如下：

$$w_e(x, y) = \begin{cases} w(x, y) & 0 \leq x \leq K - 1 \text{且} 0 \leq y \leq L - 1 \\ 0 & K \leq x \leq M - 1 \text{或} L \leq y \leq N - 1 \end{cases} \tag{4-26}$$

如果将延拓后的矩阵 $f(x, y)$、$g(x, y)$ 和 $\eta(x, y)$ 按行串接为矢量，例如将 $f(x, y)$ 串接为：

$$\mathbf{f} = [f(0, 0) \cdots f(0, N - 1) \cdots f(M - 1, 0) \cdots f(M - 1, N - 1)]^{\mathrm{T}} \tag{4-27}$$

则以上矩阵分别变为长度为 MN 的矢量 $\mathbf{f}$、$\mathbf{g}$ 和 $\mathbf{\eta}$。定义 $MN×MN$ 大小的 $\mathbf{H}$ 矩阵为：

$$\mathbf{H} = \begin{bmatrix} \mathbf{H}_0 & \mathbf{H}_{M-1} & \mathbf{H}_{M-2} & \cdots & \mathbf{H}_1 \\ \mathbf{H}_1 & \mathbf{H}_0 & \mathbf{H}_{M-1} & \cdots & \mathbf{H}_2 \\ \mathbf{H}_2 & \mathbf{H}_1 & \mathbf{H}_0 & \cdots & \mathbf{H}_3 \\ \vdots & \vdots & \vdots & & \vdots \\ \mathbf{H}_{M-1} & \mathbf{H}_{M-2} & \mathbf{H}_{M-3} & \cdots & \mathbf{H}_0 \end{bmatrix} \quad (4-28)$$

其中

$$\mathbf{H}_j = \begin{bmatrix} h(j,\ 0) & h(j,\ N-1) & h(j,\ N-2) & \cdots & h(j,\ 1) \\ h(j,\ 1) & h(j,\ 0) & h(j,\ N-1) & \cdots & h(j,\ 2) \\ h(j,\ 2) & h(j,\ 1) & h(j,\ 0) & \cdots & h(j,\ 3) \\ \vdots & \vdots & \vdots & & \vdots \\ h(j,\ N-1) & h(j,\ N-2) & h(j,\ N-3) & \cdots & h(j,\ 0) \end{bmatrix} \quad (4-29)$$

则式（4-25）可以写为：

$$\mathbf{g} = \mathbf{H}\mathbf{f} + \boldsymbol{\eta} \quad (4-30)$$

$\mathbf{H}$ 矩阵是线性位移不变系统所固有的，由系统的 PSF 构成，因此又称为点扩散函数矩阵。

（二）线性滤波图像复原方法

如果图像退化为线性位移不变的，且噪声为加性的，则可以利用线性代数，通过最小二乘方法来获取最优估计。这种方法称为线性滤波复原方法，又称为代数方法。

1. 无约束复原

当不考虑噪声时，式（4-30）简化为：

$$\mathbf{g} = \mathbf{H}\mathbf{f} \quad (4-31)$$

此时可利用最小二乘法进行估计，即寻找估计 $\hat{\mathbf{f}}$，使得目标函数：

$$J(\hat{\mathbf{f}}) = \|\mathbf{g} - \mathbf{H}\mathbf{f}\|^2 = (\mathbf{g} - \hat{\mathbf{H}})^T(\mathbf{g} - \mathbf{H}\mathbf{f}) \quad (4-32)$$

为最小。

求解该最小二乘问题可得：

$$\hat{\mathbf{f}} = (\mathbf{H}^T\mathbf{H})^{-1}\mathbf{H}^T\mathbf{g} \quad (4-33)$$

若 $\mathbf{H}$ 为方阵且非奇异，则式（4-33）可进一步简化为：

$$\hat{\mathbf{f}} = \mathbf{H}^{-1}(\mathbf{H}^T)^{-1}\mathbf{H}^T\mathbf{g} = \mathbf{H}^{-1}\mathbf{g} \quad (4-34)$$

其中的 $\mathbf{H}^{-1}$ 即为逆滤波器的传递函数，而这一复原称为逆滤波复原。逆滤波复原的频域表达为：

$$\hat{F}(u, v) = G(u, v)/H(u, v) \tag{4-35}$$

利用式（4-35）进行直接逆滤波的效果一般不佳，因为 $H(u, v)$ 中常会出现零值或接近零值的小数，因此除法运算难以可靠进行。特别是当考虑到噪声无法完全避免时，由式（4-24）可知此时的直接逆滤波的结果为：

$$\hat{F}(u, v) = F(u, v) + \frac{N(u, v)}{H(u, v)} \tag{4-36}$$

因此在 $H(u, v)$ 值接近于 0 的地方，噪声的作用将被显著放大，从而使所得到的复原图像通常毫无意义。

处理以上问题的一种途径，是将直接逆滤波的作用范围限制在零频附近，因为在零频附近一般较少遇到零值，从而在某些情况下得以绕开上述问题。

2. 维纳滤波

考虑退化过程式（4-30）。当加性噪声项 $\boldsymbol{\eta}$ 需要被考虑在内时，可通过添加如下的约束来达到这一目的：

$$\| \mathbf{g} - \widehat{\mathbf{Hf}} \|^2 = \| \boldsymbol{\eta} \|^2 \tag{4-37}$$

现在的复原目标是找到一个估计 $\hat{\mathbf{f}}$，在约束（4-37）下使得形如 $\| \hat{\mathbf{Q}} \|^2$ 的目标函数最小化，其中 $\mathbf{Q}$ 是选定用于对 $\hat{\mathbf{f}}$ 进行某种线性变换的矩阵，通过指定不同的 $\mathbf{Q}$，可以达到不同的复原目标。利用拉格朗日乘子法，引入乘子 λ，可以将上述有约束最小化问题转化为如下目标函数的无约束最小化问题：

$$J(\hat{\mathbf{f}}) = \| \hat{\mathbf{Q}} \|^2 + \lambda(\| \mathbf{g} - \hat{\mathbf{H}} \|^2 - \| \boldsymbol{\eta} \|^2) \tag{4-38}$$

求解可得：

$$\hat{\mathbf{f}} = (\mathbf{H}^{\mathrm{T}}\mathbf{H} + \gamma\, \mathbf{Q}^{\mathrm{T}}\mathbf{Q})^{-1} \mathbf{H}^{\mathrm{T}}\mathbf{g} \tag{4-39}$$

式中：$\gamma = 1/\lambda$。式（4-39）即为约束最小二乘复原解的通式。

令 $\mathbf{Q}^{\mathrm{T}}\mathbf{Q} = \mathbf{R}_f^{-1} \mathbf{R}_\eta$，其中 $\mathbf{R}_f = \mathbf{E}[\mathbf{f}\,\mathbf{f}^{\mathrm{T}}]$ 和 $\mathbf{R}_\eta = \mathbf{E}[\boldsymbol{\eta}\boldsymbol{\eta}^{\mathrm{T}}]$ 分别为 $\mathbf{f}$ 和 $\mathbf{h}$ 的自相关矩阵，则式（4-39）变为：

$$\hat{\mathbf{f}} = (\mathbf{H}^{\mathrm{T}}\mathbf{H} + \gamma\, \mathbf{R}_f^{-1} \mathbf{R}_\eta)^{-1} \mathbf{H}^{\mathrm{T}}\mathbf{g} \tag{4-40}$$

在频域中，滤波器的表达式为：

$$\hat{F}(u, v) = \frac{H^*(u, v)}{|H(u, v)|^2 + \gamma[S_\eta(u, v)/S_f(u, v)]} G(u, v) \tag{4-41}$$

式中，$S_f(u, v)$ 和 $S_\eta(u, v)$ 分别为真实图像信号和噪声信号的功率谱密度。

由式（4-41）可见：

（1）当不存在噪声时，$S_\eta(u, v) = 0$，式（4-41）即简化为直接逆滤波式（4-35）。

（2）当 $\gamma = 1$ 时，式（4-41）称为最小均方误差滤波（维纳滤波）。

（3）当存在噪声且 $\gamma \neq 1$ 为变量时，式（4-41）称为参数化维纳滤波。

（4）当 $\gamma = 1$ 且 $S_f(u, v)$ 和 $S_\eta(u, v)$ 未知时，通常用一个常数 K 代替 $S_\eta(u, v) / S_f(u, v)$，此时式（4-41）变为：

$$\hat{F}(u, v) = \frac{H^*(u, v)}{|H(u, v)|^2 + K} G(u, v) \tag{4-42}$$

3. 平滑约束滤波器

维纳滤波器式（4-41）要求真实图像和噪声均为平稳随机场，且要求功率谱密度为已知，这样的要求在实际中常常无法达到。此外，由于退化函数中接近零值的存在，特别是对于近似具有低通性质的退化函数的情况，使得高频区的噪声常常得到不同程度的加强，从而在复原图像中出现较为严重的震荡。要解决这一问题，一种方法是为式（4-39）选择合适的 **Q** 矩阵来对复原模型施加一定的光滑性约束。

取 **Q** 为一个高通滤波算子所对应的矩阵，例如拉普拉斯算子：

$$p(x, y) = \begin{bmatrix} 0 & 1 & 0 \\ 1 & -4 & 1 \\ 0 & 1 & 0 \end{bmatrix} \tag{4-43}$$

将该算子补零延拓为与 $f(x, y)$ 大小相同，并且将延拓后的矩阵按式（4-28）和（4-29）的方式加以处理而得到点扩散函数矩阵 **P**，则令 **Q = P**，由式（4-39）可得：

$$\hat{\mathbf{f}} = (\mathbf{H}^{\mathrm{T}}\mathbf{H} + \gamma \mathbf{P}^{\mathrm{T}}\mathbf{P})^{-1}\mathbf{H}^{\mathrm{T}}\mathbf{g} \tag{4-44}$$

估计值 $\hat{\mathbf{f}}$ 是在约束（4-37）下使得目标函数 $\|\hat{\mathbf{Q}}\mathbf{f}\|^2$ 最小化的解，而目标函数 $\|\hat{\mathbf{Q}}\mathbf{f}\|^2$ 的意义是将复原图像与拉普拉斯算子（4-43）进行卷积后所得图像像素的平方和。复原图像与拉普拉斯算子进行卷积的结果在图像中存在尖锐边缘处的响应值强烈，而在图像灰度变化光滑的地方响应值接近于 0，因此使得 $\|\hat{\mathbf{Q}}\mathbf{f}\|^2$ 最小，也就相当于要求复原图像尽可能光滑。式（4-44）的频域表达为：

$$\hat{F}(u, v) = \frac{H^*(u, v)}{|H(u, v)|^2 + \gamma |P(u, v)|^2} G(u, v) \tag{4-45}$$

式中：$P(u, v)$ ——拉普拉斯算子的频域滤波器。

由式（4-45）可见，该滤波器在高频区提高了分母的值，从而对复原图像的高频分量进行了更强的抑制，以达到消除高频震荡的作用。γ 的取值控制了对估计图像所加光滑性约束的强度。

二、图像复原技术在车牌定位中的应用

"近年来，随着人工智能和大数据技术的协同推进发展，图像复原技术作为信息技术

与众多领域深度交叉融合的标志性技术，已涉足各领域并得到广泛的应用，促进了图像复原技术的快速发展。"① 通过对车辆图像的去噪、去模等预处理操作，为能够准确地定位出车牌区域奠定了坚实的基础，用中值滤波器进行平滑处理的去噪声操作、选用维纳滤波对运动模糊或噪声和运动模糊叠加的图像进行恢复，预处理操作后牌定位算法的选择也是能否准确定位出车牌的关键因素。目前车牌定位的方法很多，最常见的定位技术主要有基于边缘检测的方法、基于彩色分割的方法、基于数学形态学的车牌定位等。

（一）定位预处理过程

在图像复原之前，由于采集的图像运动模糊失真，导致没有明显的车牌区域，车牌区域因运动导致在不同角度的拉伸，车牌区域的边缘特征丢失，使得后续车牌的精确定位几乎是不可能的。

一种基于边缘检测以及色彩辅助的车牌定位算法，是通过边缘算子对图像进行处理，利用车牌的边缘特征，检测出具有边缘特征的相关位置，然后通过六角锥体模型（HSV）根据车牌颜色的特点对定位区域进行二次筛选，运动模糊后的图像的车牌区域的边缘信息几乎全部丢失，这对后续车牌的精确定位是一个大的障碍。在进行图像复原后的图像中，车牌区域的边缘特征更加明显，改进后的复原算法处理后的图像的峰值信噪比值（PSNR）相对较高，与原始图像的相似度更高，复原效果更好；而且在复原后，图像几乎不失真，色素点接近零扩散，灰度保持较好。

（二）车牌精确定位

基于彩色分割的车牌定位算法在车牌边缘有相近颜色或者车身颜色大体与车牌底色相近的情况下，基于彩色分割的车牌定位算法受到一定的周围因素的干扰，对于车牌的精确定位不能很好地确定。基于边缘检测的车牌定位算法在车牌定位时，可能受到其他位置面积与车牌区域大小差不多的长方形区域，定位时干扰严重，不能准确定位。一种基于彩色分割与边缘检测相结合的算法，可以抑制其他边缘，使车牌区域突出，获取感兴趣的信息，减少干扰，从而提高车牌定位的准确性。

把彩色分割算法和边缘检测算法的优点相结合，通过二次定位提高车牌定位的精确性。边缘检测过程中使用 Canny 算子检测边缘信息，进而进行定位分割。Canny 算子主要就是依据车牌的边缘信息特征进行检测定位，而运动模糊的图像中的车牌边缘信息几乎丢失，这样通过 Canny 算子检测车牌边缘是不可能的。图像复原的处理后使得原本模糊的图

① 徐梅，张显强．几种处理模糊图像复原技术的方法［J］．智能城市，2019，5（9）：19．

像接近于原图像，车牌边缘特征明显地凸显出来，提高 Canny 算子边缘检测的准确度进而提高车牌定位的精确性。Canny 算子是一个具有滤波、增强、检测的多阶段的优化算子，在进行处理前，Canny 算子先利用高斯平滑滤波器来平滑图像以除去噪声，Canny 分割算法采用一阶偏导的有限差分来计算梯度幅值和方向，在处理过程中，Canny 算子还将经过一个非极大值抑制的过程，最后 Canny 算子还采用两个阈值来连接边缘。

在进行车牌定位实验中，常用的颜色空间有：RGB、YUV 以及 HSV 色彩空间。其中，HSV 相比其他两种色彩空间，对光更敏感，更符合、贴近人眼的视觉感知，人们能够更好地最初辨别。对原始图像分别进行不同程度的运动模糊的实验，默认都存在噪声，然后对模糊图像预处理，对预处理后的图像进行不同的恢复以及定位。

在图像运动模糊和噪声叠加后，由于图像的退化状态，图像中车牌等地方的边缘信息模糊，车牌区域由于运动模糊产生区域扩散等情况，模糊后的图像可以看到蓝色的车牌被拉伸，彩色分割也不能根据预设的 HSV 的各个通道的系数准确地定位出车牌的区域。在未进行图像复原处理工作前，想要通过边缘检测和色彩辅助准确定位出车牌的区域几乎是不可能的。通过数据可以清晰地看到图像复原后，车牌定位的成功率有明显的提高，改进后的复原算法的复原效果最佳，通过一种基于彩色分割和边缘检测的车牌定位算法借助 MATLAB，可以几乎准确地定位出车牌的区域，效果上佳。

第五章
图像跟踪与融合技术应用

第一节　图像的形态学处理与应用

　　数学形态学是一门新兴的图像处理与分析学科，近年来，其基本理论和研究方法在医学图像处理与分析、图像编码压缩、视觉检测、材料科学以及机器人视觉等诸多领域都得到广泛的应用，已经成为图像工程技术人员必须掌握的基本知识之一。

　　图像形态学主要分为二值形态学和灰度形态学两种，最基本的形态学运算有膨胀、腐蚀、开、闭。用这些算子及其组合来进行图像形状和结构的分析及处理，可以解决抑制噪声、特征提取、边缘检测、形状识别、纹理分析、图像恢复与重建等方面的问题。在介绍数学形态学基本概念和常用集合定义的基础上，重点介绍二值形态学和灰度形态学的基本理论、方法和算法、图像形态学的骨架抽取及应用，并在 MATLAB 软件平台上实现图像的形态学处理。

一、数学形态学的基本思想

　　数学形态学是一种应用于图像处理和模式识别领域的新方法，其基本思想是用具有一定形态的结构元素在图像中不断移动，在此过程中收集图像的信息，分析图像各部分间的相互关系，从而去度量和提取图像中的对应形状，达到图像分析和识别的目的。结构元素的选择十分重要，根据探测研究图像的不同结构特点，结构元素可携带形态、大小、灰度、色度等信息。不同点的集合形成具有不同性质的结构元素。由于不同的结构元素可以用来检测图像不同侧面的特征，因此，设计符合人的视觉特性的结构元素是分析图像的重要步骤。

用于描述数学形态学的语言是集合论，因此，它可以用一个统一而强大的工具来解决图像处理中所遇到的问题。迄今为止，还没有一种方法能像数学形态学那样既有坚实的理论基础，又有广泛的实用价值。其主要用途是获取物体拓扑结构信息，通过物体和结构元素相互作用的某些运算，得到物体更本质的形态。

数学形态学在图像处理中的应用主要包括：①利用形态学的基本运算，对图像进行观察和处理，从而达到改善图像质量的目的；②描述和定义图像的各种几何参数和特征，如面积、周长、连通度、颗粒度、骨架和方向性等。

数学形态学比其他空域或频域图像处理和分析方法有明显的优势。例如，在图像复原中，基于数学形态学的形状滤波器可借助先验的几何特征信息，利用数学形态学算子，既可以有效地滤除噪声，又可以保留图像中的原有信息；数学形态学算法易于用并行处理方法有效地实现，而且硬件实现较容易。基于数学形态学方法检测图像边缘信息优于基于微分算子的边缘检测算法，它不像微分算子对噪声那样敏感，同时，提取的边缘也比较平滑，利用数学形态学的方法提取的图像骨架也比较连续，断点少。

二、二值图像形态学处理

二值形态学的基本运算有四种：腐蚀、膨胀、开和闭运算。基于这些基本运算还可以推导和组合成各种实用算法，运算的对象是集合。被处理的图像 A 称为图像集合，对其作用的 B 称为结构元素，数学形态学运算就是 B 对 A 进行操作。结构元素本身也是一个图像集合，对每个结构元素指定一个原点，它是结构元素参与形态学运算的参考点。原点既可包含在结构元素之中，也可在结构元素之外，两者的运算结构不同。

（一）腐蚀

对一个给定的目标图像 A 和一个结构元素 B，设想一下将 B 在图像 A 上移动。在每一个当前位置 x，$B+x$ 只有三种可能的状态：①$B+x \subseteq A$；②$B+x \subseteq A^c$；③$B+x \cap A \neq \varnothing$；④$B+x \cap A^c \neq \varnothing$。

第一种情形说明 $B+x$ 与 A 相关最大，第二种情形说明 $B+x$ 与 A 不相关，第三和四种情形说明 $B+x$ 与 A 是部分相关。

第一种情形用集合的方式定义，即

$$A\Theta B = \{x \mid B + x \subseteq A\} \tag{5-1}$$

满足式（5-1）的点 x 的全体构成结构元素与图像最大相关点集称为 B 对 A 的腐蚀，

记作 $A\ominus B$。也就是说，$A\ominus B$ 由将 B 平移 x 仍包含在 A 内的所有点 x 组成。如果将 B 视为模板，那么 $A\ominus B$ 则由在将模板平移过程中，所有可以填入 A 内部的模板的原点组成，如图 5-1① 所示，A 是被处理的对象，B 是结构元素，对于任意一个在阴影部分的点 a，$B_a \subseteq A$，所以 A 被 B 腐蚀的结果就是阴影部分。阴影部分在 A 的范围内，且比 A 小，就像把 A 剥掉了一层似的，这也是叫腐蚀的原因。

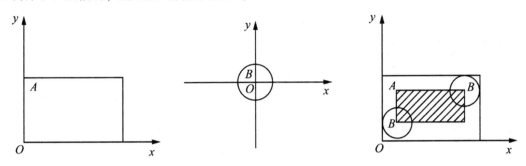

图 5-1　腐蚀示意图

腐蚀的作用是消除物体所有边界点。如果结构元素取 3×3 的黑点块，则称为简单腐蚀，其结果使区域的边界沿周边减少一个像素；如果区域是圆的，则每次腐蚀后它的直径将减少两个像素。腐蚀可以把小于结构元素的物体去除，选取不同大小的结构元素，可去掉不同大小且无意义的物体。如果两物体间有细小的连通，当结构元素足够大时，腐蚀运算可以将物体分开。

（二）膨胀

膨胀是在结构元素的约束下，将与物体接触的部分背景点合并到该物体之中的过程。运算结果使物体的面积增大了相应数量的点。例如，假设结构元素是半径为 r 个像素的小圆，被作用的物体是一个大圆。膨胀运算的结果是沿大圆边界向外增长了 r 个像素的宽度，即直径增加 $2r$。

膨胀的定义是：把结构元素 B 先对自身原点做对称，得到 B^v，然后平移 x 后得到 B_x^v，若 B_x^v 击中 A，则记下这个 x 点。所有满足上述条件的 x 点组成的集合称作 A 被 B 膨胀的结果。膨胀用集合的方式定义为：

$$A \oplus B = \{x \mid B^v + x \cap A \neq \varnothing\} \tag{5-2}$$

膨胀运算的基本过程：①将结构元素中各像素做关于原点的对称得到 B^v；②将结构元素的原点移至图像 A 起始部分并求出二者的交集。若交集非空，此时处在结构元素原点位置的像素记作"1"，否则，记作"0"。继续移动结构元素，直至遍历全部图像 A，最后得

到的二值图像就是膨胀运算的结果。

（三）开运算

在形态学图像处理中，腐蚀和膨胀是两种基本的形态运算，它们可以组合成更为复杂的开运算和闭运算。从结构元素填充的角度看，开运算和闭运算具有更为直观的几何形式，增加图像处理的功能。

假设 A 为图像，B 为结构元素，利用 B 对 A 做开运算，用符号 $A{\circ}B$ 表示，定义为：

$$A{\circ}B = (A{\ominus}B) \oplus B \tag{5-3}$$

即对图像先腐蚀后膨胀的过程称为开运算。它具有消除图像中细小物体、在纤细处分离物体和平滑较大物体边界而又不明显改变其面积和形状的作用。

图 5-2 给出了二值图像先腐蚀后膨胀所描述的开运算示意图，图中是利用结构元素圆盘对一个矩形图像先腐蚀后膨胀所得到的结果。可以看出，用圆盘对矩形做开运算，会使矩形的内角变圆，这种圆化的结果是通过将圆盘在矩形内部滚动得到的。如果结构元素是一个底边水平的小正方形，那么开运算不会使内角变圆，所得的结果与原图形相同。

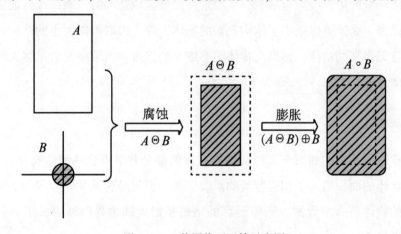

图 5-2　二值图像开运算示意图

（四）闭运算

假设 A 为图像，B 为结构元素，利用 B 对 A 做闭运算，用符号 $A \cdot B$ 表示，定义为：

$$A \cdot B = (A \oplus B){\ominus}B \tag{5-4}$$

即对图像物体先膨胀后腐蚀的过程称作闭运算。它具有填充图像物体内部细小孔洞、连接邻近的物体，在不明显改变物体的面积和形状的情况下平滑其边界的作用。开与闭运算共同的特点是可以消除比结构元素小的特定的图像细节，但是不会产生全局性几何失真。

图 5-3 给出了二值图像先膨胀后腐蚀所描述的闭运算示意图，图中结构元素为一圆盘，闭运算即沿图像的外边缘填充或滚动圆盘。显然，闭运算对图形的外部做滤波处理，仅仅磨光了凸向图像内部的尖角。

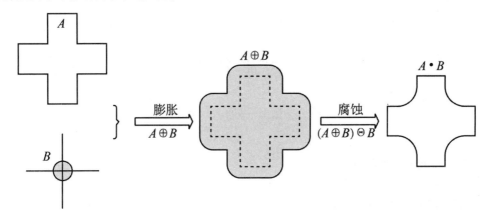

图 5-3　二值图像闭运算示意图

三、灰度图像形态学处理

二值图像形态学的腐蚀、膨胀、开和闭基本运算，可以推广到灰度图像。与二值图像形态学不同的是，这里运算操作的对象是图像函数，而不是图像集合。以下假设 $f(x, y)$ 是输入图像，$g(x, y)$ 是结构元素，它本身也是一个子图像，研究腐蚀、膨胀、开和闭基本运算。

（一）灰度图像腐蚀

用结构元素 $g(x, y)$ 对输入图像 $f(x, y)$ 进行腐蚀运算，定义为：

$$(f\Theta g)(s, t) = \min\{f(s + x, t + y) - g(x, y) \mid s + x, t + y \in Df, (x, y) \in Dg\}$$

$$(5\text{-}4)$$

式中，Df 和 Dg 分别是 f 和 g 的定义域，由图像的宽和高决定。这里限制 $s+x$ 和 $t+y$ 在 f 的定义域内，类似于二值腐蚀定义中要求结构元素全部包括在被腐蚀集合中。

图 5-4 给出了灰度图像腐蚀的几何意义。其效果相当于半圆形结构元素在被腐蚀函数的下面"滑动"时，其圆心画出的轨迹。但是，这里存在一个限制条件，即结构元素必须在函数曲线的下面平移。从图中不难看出，半圆形结构元素从函数的下面对函数产生滤波作用，这与圆盘从内部对二值图像滤波的情况是相似的。

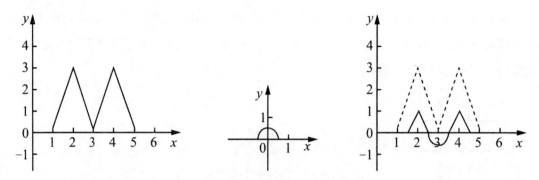

图 5-4 半圆结构元素进行灰度图像腐蚀

(二) 灰度图像膨胀

用结构元素 $g(x, y)$ 对输入图像 $f(x, y)$ 进行膨胀运算，定义为：

$$(f \oplus g)(s, t) = \max\{f(s-x, t-y) + g(x, y)|_s - x, t - y \in Df, (x, y) \in Dg\}$$

$$(5-5)$$

式中，Df 和 Dg 分别是 f 和 g 的定义域，由图像的宽和高决定。这里限制 $s-x$ 和 $t-y$ 在 f 的定义域内，类似于二值膨胀定义中要求两个运算集合至少有一个（非零）元素相交。

图 5-5 给出了灰度图像膨胀的几何意义。其效果相当于通过将半圆形结构元素的原点平移到与信号重合，然后对信号上的每一点求结构元素的最大值得到。

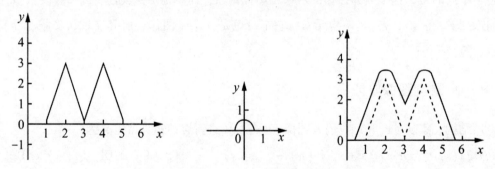

图 5-5 半圆结构元素进行灰度图像膨胀

(三) 灰度图像开运算

数学形态学中关于灰度值开和闭运算的定义与在二值数学形态学中的对应运算是一致的。用结构元素 g 对灰度图像 f 做开运算记作 $f \circ g$，其定义为：

$$f \circ g = (f \ominus g) \oplus g$$

$$(5-6)$$

即对灰度图像先腐蚀后膨胀的过程称为开运算。

开运算的作用是：①腐蚀去除了小的亮细节并同时减弱了图像亮度；②膨胀增加了图

像亮度，但又不重新引入前面去除的细节。

（四）灰度图像闭运算

用结构元素 g 对灰度图像 f 做闭运算记作 $f \cdot g$，其定义为：

$$f \cdot g = (f \oplus g) \Theta g \tag{5-7}$$

即对灰度图像先膨胀后腐蚀的过程称为闭运算。

闭运算的作用是：①膨胀去除了小的暗细节并同时增强了图像亮度；②腐蚀减弱了图像亮度，但又不重新引入前面去除的细节。

四、二值形态学的应用

（一）图像的细化

细化就是从原来的图像中经过一层层的剥离去掉一些点而仍保持原来的形状，直到得到图像的骨架。所谓骨架，可以理解为图像的中轴，可以提供一个图像目标的尺寸和形状信息，在数字图像分析中具有重要的地位。例如，一个长方形的骨架是它的长方向上的中轴线，圆的骨架是它的圆心，直线的骨架是它本身，孤立点的骨架也是它本身。因此，图像的细化操作也称为骨架抽取。利用细化技术得到区域的细化结构是常用的方法，寻找二值图像的细化结构是图像处理的一个基本问题。在图像识别或数据压缩时，经常要用到这样的细化结构，例如，在识别字符之前，往往要对字符做细化处理，求出字符的细化结构。

在细化一幅图像 A 时需要满足两个条件：①在细化过程中，A 应该有规律地缩小；②在 A 逐步缩小的过程中，应当使 A 的连通性保持不变。

在细化过程中，需要遵循的原则是：①内部点不能删除；②孤立点不能删除；③直线端点不能删除；④假设 x 是边界点，去掉 x 后，如果连通分量不增加，则 x 可删除。

（二）图像的边界提取

形态学运算可以用来提取图像物体的边界。边界提取的思想是：经过某种变换后，待提取的边界灰度值的变化程度比图像中非边缘部分的要明显得多。如果用 $\alpha(A)$ 代表图像物体 A 的边界的话，它可以用原图像 A 与结构元素 B 腐蚀 A 的结果的差值来表示：

$$\alpha(A) = A - (A \Theta B) \tag{5-8}$$

由式 5-8 可知，区域边界就是区域 A 用结构元素 B 腐蚀掉的部分。所以用不同的结构元素将得到不同的边界。

（三）区域填充

区域和边界是相对的，可以互求。已知区域可求得其边界，反过来，已知边界通过填充也可得到区域。图 5-6 为一个区域填充的示意图。图 5-6（a）为一个区域边界点的集合 A，其补集 A^c 如图 5-6（b）所示，结构元素 B 如图 5-6（c）所示。填充区域可通过结构元素 B 对 A 进行膨胀、求补集、求交集等过程来完成。假设所有非边界（背景）点标记为 0，从边界内一个点 p 开始，将其赋值为 1，如图 5-6（d）所示，然后根据迭代公式进行填充：

$$X_k = (X_{k-1} \oplus B) \cap A^c \quad (k = 1,\ 2,\ \cdots) \tag{5-8}$$

式中膨胀过程的每一步都与 A^c 进行交运算，控制集合不超出边界，这种膨胀称为条件膨胀。当 $X_k = X_{k-1}$ 时停止迭代，如图 5-6（g）所示。停止迭代时，X_k 和 A 的并集包括了填充的区域和它的边界，如图 5-6（h）所示。

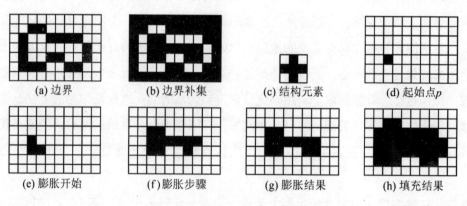

(a) 边界　　　　　　(b) 边界补集　　　　(c) 结构元素　　　　(d) 起始点 p

(e) 膨胀开始　　　　(f) 膨胀步骤　　　　(g) 膨胀结果　　　　(h) 填充结果

图 5-6　区域填充示意图

（四）图像形态学滤波

将数学形态学的开运算和闭运算结合在一起可以构成形态学噪声滤波器。滤波算法所用的运算是先进行开运算后进行闭运算，即

$$(A \circ B) \cdot B = \{[(A \ominus B) \oplus B] \oplus B\} \ominus B \tag{5-9}$$

用圆形结构元素进行噪声滤波的过程示意如图 5-7 所示。其中，图像 A 是一幅受到噪声干扰的图像，内部有零散的孔洞噪声，外部有零星孤岛噪声，如图 5-7（a）所示。用圆形结构元素 B 对其进行形态学滤波运算，相当于先进行开运算再进行闭运算。具体的过程包括以下内容：

第一，结构元素 B 对图像 A 进行腐蚀运算，使得图像周围整个小了一圈，外部零星孤岛噪声被消除。同时，图像内部零散的孔洞噪声被扩大了，如图 5-7（c）所示。

第二，用同一个结构元素 B 对上述结果进行膨胀，缩小的边缘得到恢复，图像内部零散的孔洞噪声基本恢复到原状，但同时边缘的四角变成圆角，如图 5-7（d）所示。

第三，继续对上述结果进行膨胀，图像内部零散的孔洞噪声消失，如图 5-7（e）所示。

第四，最后对上述结果进行腐蚀，得到噪声全部去除边缘呈现圆角的图像，实现噪声滤除的效果，如图 5-7（f）所示。

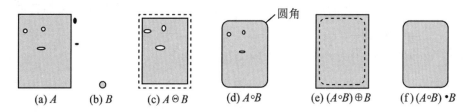

图 5-7　形态学噪声滤波示意图

基于数学形态学的图像变换有高帽变换和低帽变换。通过这两种变换，可以得到灰度图像中一些重要的标记点，如在较亮的背景中求暗的像素点或在较暗的背景中求亮的像素点。

图像形态学的高帽变换定义为：

$$H = A - (A \circ B) \tag{5-10}$$

式中，A 为输入图像，B 为结构元素，即从图像中减去形态学开运算后的图像。高帽变换是一种波峰检测器，它在较暗的背景中求亮的像素点很有效。

图像形态学的低帽变换定义为：

$$H = A - (A \cdot B) \tag{5-11}$$

式中，A 为输入图像，B 为结构元素，即从图像中减去形态学闭运算后的图像。低帽变换是一种波谷检测器，适合于在较亮的背景中求暗的像素点。

高帽变换和低帽变换的结合可以增强图像的对比度。

第二节　智能图像的跟踪算法与应用

图像跟踪是在视频中跟踪某一个或多个特定的感兴趣对象的过程，它是连接目标检测和行为分析的重要环节：运动目标检测是目标跟踪的基础，而通过目标跟踪可以获得目标图像的参数信息及运动轨迹等，运动目标跟踪则是计算机视觉中行为分析的前提。

一、图像跟踪概述

（一）图像跟踪问题

图像（目标、物体）跟踪问题是图像视频处理中的一个热门问题，是在视频中跟踪某一个或多个特定的感兴趣对象的过程，通常分为单目标跟踪与多目标跟踪，前者跟踪视频画面中的单个目标，后者则同时跟踪视频画面中的多个目标，得到这些目标的运动轨迹。基于视觉的目标自动跟踪在智能监控、动作与行为分析、自动驾驶等领域都有重要的应用。例如，在自动驾驶系统中，目标跟踪算法要对运动的车辆、行人，以及其他运动物体进行跟踪，对它们在未来的位置、速度等信息做出预判。

图像跟踪技术，是指通过某种方式对摄像头中拍摄到的目标进行定位，并指挥摄像头对该目标进行跟踪，使该目标一直保持在摄像头的视野范围内。人眼可以比较轻松地在一段时间内跟住某个特定目标，但是对机器而言，这一任务并不简单，尤其是跟踪过程中可能会出现诸如目标发生剧烈形变、被其他目标遮挡或出现相似物体干扰等各种复杂情况。

图像跟踪问题是图像视频处理中的一个热门问题，就是在视频图像中初始化第一帧，勾选出需要跟踪的目标，在后续图像帧序列中，找到待跟踪目标。因为目标的多样性、条件的复杂性，图像跟踪问题至今仍没有得到彻底解决。跟踪过程中的光照变化、目标尺度变化、目标被遮挡、目标的形变、目标的高速运动、运动模糊、目标的旋转、目标逃离视差、照相机的抖动、环境的剧烈变化、背景杂波、低分辨率等现象，都是图像跟踪问题的挑战。

图像跟踪技术是直接利用摄像头拍摄到的图像，进行图像识别，识别出目标的位置，并指挥摄像头对该物体进行跟踪。在这种图像跟踪系统中，被跟踪目标无须配备任何辅助设备，只要进入跟踪区域，系统便可对该目标进行跟踪，使摄像机画面始终锁定该目标。

图像跟踪的主要任务是从当前帧中匹配出上一帧出现的感兴趣目标的位置、形状等信息，在连续的视频序列中通过建立合适的运动模型确定跟踪对象的位置、尺度和角度等状态，并根据实际应用需求画出并保存目标运动轨迹。图像跟踪作为计算机视觉领域中一个最基本也最重要的研究方向，吸引了越来越多的关注。

图像跟踪融合了模式识别、图像处理、计算机视觉等多个学科领域的内容，其主要目标就是对视频序列中不断运动的目标进行检测、提取、识别和跟踪，获得目标的运动参数，便于后续对运动目标的行为进行分析和理解。

在视频跟踪方法中，跟踪问题可以看作是在线的贝叶斯估计问题，用图 5-8[①] 中的概率图模型形式来描述，图中和分别为第 i 时刻的目标状态和观测。从贝叶斯估计角度来看，跟踪问题就是从所有的历史观测数据中推理出 t 时刻状态的值，即估计。状态变量包括目标在图像中位置、大小及运动速度等。

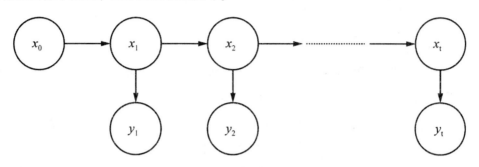

图 5-8 跟踪问题的图模型描述

（二）图像跟踪步骤

运动目标跟踪是在一段视频图像序列中的每一幅图像中实时定位出感兴趣的运动目标，一般来说，运动目标跟踪主要基于两种方法：第一种是不通过先验知识，直接从序列图像中检测到运动目标，并对其进行定位和跟踪；第二种是依赖先验知识，通过目标的先验信息建立目标模板，然后用这个模板在视频序列图像中匹配出相似度很高的运动目标，并实时跟踪。

运动目标跟踪步骤是首先进行运动目标检测，然后提取出目标特征，最后基于目标特征进行目标跟踪。

1. 运动目标检测

"运动目标检测被广泛应用于交通、安防、体育运动等领域，是计算机视觉领域的重要研究方向。运动目标检测可从复杂背景中提取出运动目标，为目标跟踪、目标行为识别等研究奠定了基础。"[②] 运动目标检测是从序列图像中将变化区域从背景图像中提取出来，是一种以目标的几何特征和统计特征为基础的图像分割技术，由于运动目标与背景图像之间存在相对运动，利用这种特性可以将运动前景目标提取出来，然后通过提取该目标的颜色、灰度及边缘等特征，将前景运动目标和背景分割出来，得到一个较为完整的运动目标实体。常用的运动目标检测技术包括以下方法：

（1）背景差分法。利用当前图像与背景图像的差分来检测运动区域。其思想是：先获

① 杨露菁 . 智能图像处理及应用 ［M］. 北京：中国铁道出版社，2019：177.
② 朱磊，冯成涛，张继，等 . 动态背景下运动目标检测算法 ［J］. 现代电子技术，2022，45（06）：148.

得一个背景模型，将当前帧与背景模型相减，如果像素差值大于某一阈值，则判断此像素为运动目标，否则属于背景图像。

（2）帧间差分法。通过计算相邻两帧图像的差值来获得运动目标的轮廓。当监控场景中出现异常物体运动时，帧与帧之间会出现较为明显的差别，两帧相减，得到两帧图像亮度差的绝对值，判断它是否大于阈值来分析视频或图像序列的运动特性，确定图像序列中有无运动物体。

（3）光流法。空间中的目标运动可以用运动场来描述，图像平面上物体运动通过图像序列中的图像灰度分布来体现，而空间中运动场转移到图像上就表示为光流场。图像上的点与三维物体上的点一一对应，这种对应关系可以通过投影计算得到。光流场反映了图像上每一点灰度的变化趋势，可看作灰度像素点在图像平面运动产生的"瞬时速度场"，也是对真实运动场的近似估计。如果图像中没有运动目标，则光流矢量在整个图像区域是连续变化的；当图像中有运动物体时，目标和背景存在相对运动，运动物体所形成的速度矢量与背景的速度矢量有所不同，如此便可计算出运动物体的位置。

2. 运动目标跟踪

通过运动目标检测算法能够从视频序列图像中提取出运动目标，但是仍然不知道当前帧和前一帧中检测出来的运动目标之间的某种联系，或者说相对运动关系，无法判断它们是否为同一个目标，也就无法找出前一帧图像中的运动目标在当前帧图像中的位置。因此，还需要一个实时有效的运动目标跟踪算法对目标进行定位跟踪，这涉及以下三个步骤：

（1）运动目标特征提取。为了对运动目标进行有效的表达，需要提取目标的多类特征，包括视觉特征（如图像边缘、轮廓、形状、纹理、区域等）、统计特征（如直方图）、变换系数特征（如傅里叶变换、自回归模型）、代数特征（如图像矩阵的奇异值分解）等。

（2）相似性度量算法。为了对运动目标特征进行匹配，需要采用某种相似性度量算法，利用该算法对各帧图像中的目标特征进行匹配，以实现目标跟踪。常见有欧氏距离、棋盘距离、加权距离等。

（3）匹配搜索算法。通过搜索算法来预测运动目标下一帧可能出现的位置，在相关区域内寻找最优点。可采用卡尔曼滤波、扩展卡尔曼滤波、粒子滤波等算法，卡尔曼滤波器是对一个动态系统状态序列进行线性最小方差估计的算法，基于以前的状态序列对下一个状态做最优估计。

另一类算法是通过优化搜索方向来减小搜索范围，例如利用无参估计方法优化目标模板与候选目标距离的迭代收敛过程，以达到缩小搜索范围的目的，如 Meanshift（均值漂移算法）、Camshift（连续自适应均值漂移算法）等。

（三）图像跟踪算法分类

一个健壮性高的目标跟踪算法必须满足三个方面的要求：健壮性、准确性和实时性。健壮性是衡量目标跟踪算法的稳定性，希望算法在各种场景环境下都能够适应目标的外观变化、复杂的背景情况、快速运动造成的运动模糊和随时可能出现的不同程度的遮挡造成的目标不规则变形等。算法的准确性在视频监控系统中的要求比较高，一般包括两个方面：目标检测的准确性以及分割的准确性。实时性主要是针对算法的跟踪速度，为了满足工程应用的需要，一个实用的目标跟踪算法必须能够实时地对目标进行跟踪。近年来虽然提出了很多新的思路和方法，但要同时兼顾几个方面，依然是一个很大的挑战。

跟踪算法的精度和健壮性很大程度上取决于对运动目标的表达和相似性度量的定义，跟踪算法的实时性取决于匹配搜索策略和滤波预测算法。依据运动目标的表达和相似性度量，运动目标跟踪算法可以分为以下四类：

1. 基于特征的跟踪算法

视频序列中前后两帧的时间差距比较小，可以把运动目标的特征信息看作是平滑的，所以可以提取运动目标的某个或某些特征信息达到跟踪的目的。基于特征的跟踪算法主要思想是在视频序列中选取可以很好地表述运动区域特点的特征，然后根据所用特征和后续视频序列进行匹配，以此得到在后续视频序列中的位置信息，从而实现目标跟踪。

基于特征的跟踪算法包含两个阶段：第一阶段是特征提取，提取视频序列图像每一帧中运动目标的形状、面积、位置、轮廓、颜色等特征，特征的选择关系到运动区域的跟踪效果，这个特征必须适于运算，有明显的特性及其稳定性；第二阶段是特征匹配，就是对比每一帧中提取出来的特征与之前帧所提取特征的相关程度，确定匹配关系。选用的特征不同，则相应的匹配模式也不同。例如，采用相邻两帧的前景目标的重心进行特征匹配被广为使用，在该方法中，如果相邻两帧之间的前景目标重心之间的距离小于一个设定好的阈值，则可以将它们视为同一个运动目标。

此种方法的优势是对遮挡情况不敏感，当局部运动区域被挡住时，根据显露区域的特征也能够达到跟踪的目的。此外，与卡尔曼滤波算法相结合，可以得到不错的跟踪效果。如何选择特征，则是该算法的难点，要根据实际需求来定。若选用的特征较多，会影响算法的运行效率，对目标的实时跟踪也有影响；若选用的特征比较少，则对场景较敏感，易受噪声的影响，在特征匹配中易出现错误，降低算法的健壮性。因此，选用一个好的特征信息来表述运动目标至关重要。其中典型算法是 MeanShift（均值漂移）算法及与其相关的改进算法（如 Camshift 算法）。

2. 基于区域的跟踪算法

最早的区域跟踪算法是 1994 年提出的，用于对道路场景中的目标进行跟踪。基于区域的跟踪算法是将目标用简单的几何形状表示，称为目标区域。以提取出的目标区域作为检测单元，通过目标检测方法或者计算视频序列帧之间目标区域的有关特征参数的关联，由相邻帧的关联获取目标区域的轨迹，达到跟踪的目的。

基于区域的跟踪算法的基本原理是：当在视频序列图像中检测出运动目标之后，将它的连通区域视为一个检测单元，同时提取每一个目标区域的特征，如颜色特征、面积特征、质心特征以及形状特征等，然后检测相邻两帧之间的运动区域内特征的相似度值，根据其值的大小来确定运动目标在当前视频序列图像帧中的位置，并跟踪该目标。在计算相似度时，可以采用多种特征融合匹配的方式，如结合颜色特征、面积特征和某些局部特征，通过策略机制来选择出匹配相似度最高的目标。

基于区域的跟踪算法优势在于：计算简单；充分利用了运动区域的信息，不易受噪声影响，有很好的跟踪效果；与预测算法相结合，能够使跟踪效果更好。

3. 基于模型的跟踪算法

基于模型的跟踪算法是由先验知识构建目标模型，之后对目标模型和图像数据进行匹配而达到跟踪目的。基本思想是：先建立目标的二维或者三维结构模型和运动模型，通过这个模型不断地学习并训练运动目标的特征信息。当在图像中检测到运动目标时，将其与建立好的模板库中的模型进行一一匹配，如果结果大于一个阈值，则判定匹配成功，对目标进行跟踪。在跟踪当前目标的同时，继续学习该目标的各种特征，如颜色、尺寸以及速度等特征，并通过这些特征信息对已建立好的模板库进行训练和更新，时刻保持模板库是最新的，确保匹配的准确性。

基于模型的跟踪算法的优点是适应于复杂环境，不依赖图像视角，稳定性和准确性强，尤其是当运动目标被遮挡时也可以对目标的运动轨迹进行精确分析，从而达到准确跟踪的效果。刚体动态目标（如车辆）在跟踪时只是发生移动或旋转等变化，不会产生形变，因此，此算法很适合对刚体动态目标进行跟踪，并且准确度高，不易受外界影响。

但是对于非刚体动态目标（如行人）则很容易产生形变，并且这个变化是随机的，通过先验知识对它建立模型不太容易，因此非刚体动态目标一般不适于这种跟踪算法。其次模型的计算量过大，将导致算法的实时性差，很少用到实时系统中。

经典的基于模型的目标跟踪方法有 TLD 视觉跟踪算法，采用在线学习机制不断更新目标模型的特征及参数，非常适合于目标发生畸变和被遮挡的场合，拥有较好的健壮性和稳定性。

4. 基于轮廓的跟踪算法

基于活动轮廓的跟踪算法基本思路是由闭合的目标轮廓进行跟踪，该轮廓能够自动连续地更新。其关键技术是运动区域闭合轮廓的提取，一般来说传统算法（如 Sobel 算子）提取的轮廓不是很平滑，并且目标轮廓会随着运动区域的形变而改变，导致提取的目标轮廓无法进行匹配。这种方法要求有运动区域边缘信息，通常可手动选择首帧图像中的运动区域，之后计算运动区域在视频序列中的轮廓能量函数的局部极小值来对它进行定位。

目前主要利用主动轮廓模型，包括两类：参数主动轮廓模型（Snake 模型）和几何主动轮廓模型。Snake 模型的优势在于不易受环境噪声影响，所以适用于复杂场景下的动态目标跟踪，也可以处理目标姿态变化。其主要思想是先在待测视频序列中标出运动区域的初始轮廓，然后由一个能量函数来表述它，最后由这个能量函数调整动态目标的轮廓的变化。该模型的不足之处在于要人为选定初始运动区域轮廓的位置和大致形状。

5. 基于卡尔曼滤波的运动目标跟踪算法

以上四种方法常和滤波算法一起使用，利用滤波器进行运动预测来减小匹配过程的搜索空间。其基本思想是：通过观测运动目标前面的状态，获得目标先验信息，对下一时刻目标的运动状态进行估计。其中典型算法有卡尔曼滤波算法、粒子滤波算法等。卡尔曼滤波是在线性无偏最小方差估计准则下利用前一估计值和最近一个观测值对目标的当前值进行估计，并实时地更新滤波器的参数以达到对系统的最优估计。

运动目标跟踪的目的是确定运动目标的运动轨迹，其关键是检测所得到的前景目标与待跟踪的动态目标之间的对应关系。这种对应关系的建立就是图像帧之间的目标特征匹配问题。基于卡尔曼滤波的运动目标跟踪算法通常有以下步骤：

（1）在运动目标检测结果的基础上，进行运动目标特征提取。

（2）利用卡尔曼滤波器建立运动模型，用特征信息初始化卡尔曼滤波器。

（3）用卡尔曼滤波器对已经提取的运动目标做下一步的运动预测。

（4）对预测特征与观测的图像特征进行匹配，如果匹配，则更新卡尔曼滤波器，并记录当前帧信息。

基于卡尔曼滤波的运动目标跟踪算法的优点是：不像其他算法一样需要全部的历史观测值，所以计算量比较小。但是由于卡尔曼滤波器是线性递归的，因此它要求目标的状态方程必须是线性的，其噪声必须是高斯的，这对于实际系统来说是很难满足的，由于实际情况复杂，目标之间会形成遮挡，检测时也会产生分裂现象，这就会使卡尔曼滤波器的工作性能大大降低，从而造成跟踪质量的下降。

粒子滤波可以用来解决非线性非高斯情况下的目标跟踪问题。它是一种非参数化的蒙特卡罗模拟方法，通过递推的贝叶斯滤波来近似逼近最优化的估计结果。粒子滤波方法在解决目标运动的非线性、非高斯和多峰态方面表现出良好的性能，唯一的缺点是由于它使用多个粒子样本来逼近状态的后验分布，因此计算量较大。

二、智能图像跟踪算法

早些年，Camshift、光流、背景差等图像跟踪算法比较流行，在静态背景条件下被成功应用，但后来这类方法逐渐被淘汰，人们开始更多地研究动态背景、复杂场景环境下的图像跟踪，根据观察模型，这类现代图像跟踪算法大致分为以下三类：

第一，产生式（生成算法）。生成算法使用生成模型来描述表观特征，并将重建误差最小化来搜索目标，如主成分分析法（PCA）。它是在跟踪过程中，根据跟踪结果在参数空间产生样本（而非直接从图像空间采样），然后在这些样本中寻找最有可能的目标作为跟踪结果。

第二，判别式（判别算法）。判别算法是将目标检测的思路用于目标跟踪，边检测边跟踪，其基本过程是在线产生样本、在线学习、在线检测，找到目标出现概率最大的位置，然后重复这样的步骤，跟踪目标位置。它是在检测中区分物体和背景，性能更稳健，并逐渐成为图像跟踪的主要手段。

MIL（多实例在线学习）就是一种典型的判别算法。在 MIL 之前有 OAB 算法，采用 Online Adaboost 算法进行在线学习，而 MIL 采用 Online MILBoost 进行在线学习，速度更快，并且可以抵抗遮挡。

第三，深度学习。深度学习也属于判别式算法的范畴，为了对此进行重点说明，这里单独列出。为了通过检测实现跟踪，我们检测所有帧的候选对象，并使用深度学习从候选对象中识别想要的对象。有两种常用的基本网络模型：堆叠自动编码器（SAE）和卷积神经网络（CNN）。

深度学习图像跟踪方法主要分为两类：一类是使用预先训练好的深度神经网络，如 CNN，不做在线训练，使用其他算法输出目标位置；另一类是在线训练神经网络，由神经网络输出目标位置。

近年来，深度学习方法在目标跟踪领域有不少成功的应用，但是不同于在图像检测、识别等视觉领域中深度学习一统天下的趋势，深度学习在目标跟踪领域的应用并非一帆风顺。目前，图像跟踪处于百家争鸣的状态，深度学习方法在目标跟踪方面并没有预期的效果，其主要问题在于训练数据的缺失：深度模型的优势之一来自对大量标注训练数据的有效学习，而目标跟踪仅仅提供第一帧的边界框作为训练数据。这种情况下，在跟踪开始针对当前目标从头训练一个深度模型困难重重。另外在检测效果方面深度学习方法微微占优，但是在速度上深度学习方法完全无法和传统方法相比较。

下面列举一些典型的深度学习目标跟踪算法。

（一）DLT 和 SO-DLT 算法

DLT 和 SO-DLT 算法利用辅助图像数据来预先训练深度模型，在线跟踪时只做微调。在目标跟踪的训练数据非常有限的情况下，使用辅助的非跟踪训练数据进行预训练，获取对目标特征的通用表示；在实际跟踪时，通过利用当前跟踪目标的有限样本信息对预训练的模型进行微调，使模型对当前跟踪目标有更强的分类性能，这种迁移学习的思路极大地减少了对跟踪目标训练样本的需求，也提高了跟踪算法的性能。

1. DLT 算法

DLT 于 2013 年提出，是第一个将深度模型运用在单目标跟踪任务上的跟踪算法。大体上还是粒子滤波的框架，只是采用栈式降噪自编码器（SDAE）提取特征。它的主体思路如图 5-9[①] 所示。

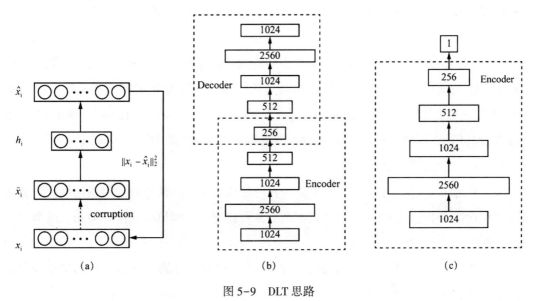

图 5-9　DLT 思路

（1）先使用栈式降噪自编码器在大规模自然图像数据集上进行无监督的离线预训练来获得通用的物体表征能力。预训练的网络结构如图 5-9（a）所示，一共堆叠了四个降噪自编码器，降噪自编码器对输入加入噪声，通过重构出无噪声的原图来获得更健壮的特征表达能力。图 5-9（b）是 SDAE 的 1024-2560-1024-512-256 的瓶颈式结构设计，使获

---

① 杨露菁. 智能图像处理及应用［M］. 北京：中国铁道出版社，2019：185.

得的特征更加紧凑。

（2）之后的在线跟踪部分结构如图 5-9（c）所示，取离线 SDAE 的编码部分叠加 sigmoid 分类层组成分类网络。此时的网络并没有获得对当前被跟踪物体的特定表达能力。利用第一帧获取正负样本，对分类网络进行微调获得对当前跟踪目标和背景更有针对性的分类网络。在跟踪过程中，对当前帧采用粒子滤波方式提取一批候选的 patch（相当于检测中的 proposal），将这些 patch 输入分类网络中，置信度最高的成为最终的预测目标。

（3）在目标跟踪非常重要的模型更新策略上，采取限定阈值的方式，即当所有粒子中最高的置信度低于阈值时，认为目标已经发生了比较大的表观变化，当前的分类网络已经无法适应，需要进行更新。

2. SO-DLT 算法

SO-DLT 延续了 DLT 利用非跟踪数据预训练加在线微调的策略，以解决跟踪过程中训练数据不足的问题，同时也对 DLT 存在的问题做了很大的改进。

SO-DLT 使用 CNN 作为获取特征和分类的网络模型，使用类似 AlexNet 的网络结构，特点包括：①针对跟踪候选区域的大小将输入缩小为 100×100，而不是一般分类或检测任务中的 224×224；②网络的输出为 50×50 大小、值在 0~1 之间的概率图，每个输出像素对应原图 2×2 的区域，输出值越高则该点在目标边界框中的概率也越大，这样的做法利用了图片本身的结构化信息，便于直接从概率图确定最终的边界框，避免向网络输入数以百计的 proposal，这也是 SO-DLT 结构化输出得名的由来；③在卷积层和全连接层中间采用 SPP-NET 中的空间金字塔采样来提高最终的定位准确度。在离线训练中使用 ImageNet2014 的检测数据集使 CNN 获得区分物体和非物体的能力。

SO-DLT 在线跟踪的流程如下：

（1）处理第 t 帧时，首先以第 t-1 帧的预测位置为中心，从小到大以不同尺度的剪切区域放入 CNN 当中，当 CNN 输出的概率图的总和高于一定阈值时，停止剪切，以当前尺度作为最佳的搜索区域大小。

（2）选定第 t 帧的最佳搜索区域后，在该区域输出的概率图上采取一系列策略确定最终的边界框中心位置和大小。

（3）在模型更新方面，为了解决使用不准确结果微调导致的问题，使用了长期和短期两个 CNN，即 CNNs 和 CNNl。CNNs 更新频繁，对目标的表观变化做出及时响应；CNNl 更新较少，对错误结果更加健壮。两者结合，取置信度最大的结果作为输出。

（二）FCNT 和 HCFVT 算法

利用现有大规模分类数据集来预训练 CNN 网络，提取特征，在目标跟踪领域兴起了一股新的浪潮。这类方法直接使用在 ImageNet 等大规模分类数据库上训练出的 CNN 网络获得目标的特征表示，之后再用观测模型进行分类获得跟踪结果。这种做法既避免了跟踪时直接训练大规模 CNN 的样本不足的困境，也充分利用了深度特征强大的表征能力。

1. FCNT 算法

卷积神经网络跟踪算法（FCNT）是应用 CNN 特征于目标跟踪的代表之作，它的亮点之一是深入分析了利用 ImageNet 预训练得到的 CNN 特征在目标跟踪任务上的性能，并根据分析结果设计了后续的网络结构。FCNT 主要对 VGG-16 的 Conv4-3 和 Conv5-3 层输出的特征图做了分析，并得出结论：①CNN 的特征图可以用来做跟踪目标的定位；②CNN 的许多特征图存在噪声或者与目标跟踪区分目标和背景的任务关联较小；③CNN 不同层的特征特点不同。高层（Conv5-3）特征擅长区分不同类别的目标，对目标的形变和遮挡健壮性很强，但是对类内目标的区分能力非常差；低层（Conv4-3）特征更关注目标的局部细节，可以用来区分背景中相似的干扰物，但是对目标的剧烈形变健壮性很差。

依据以上分析，FCNT 最终形成了以下框架结构：

（1）对于 Conv4-3 和 Conv5-3 特征分别构建特征选择网络 sel-CNN（1 层 dropout 加 1 层卷积），选出和当前跟踪目标最相关的特征映射通道。

（2）对筛选出的 Conv5-3 和 Conv4-3 特征分别构建捕捉类别信息的 GNet 和区分背景相似物体的 SNet（都是两层卷积结构）。

（3）在第一帧中使用给出的边界框生成热度图（heat-map）回归训练 sel-CNN、GNet 和 SNet。

（4）对于每一帧，以上一帧预测结果为中心剪切出一块区域，之后分别输入 GNet 和 SNet，得到两个预测的热度图，并根据是否有相似物决定使用哪个热度图生成最终的跟踪结果。

FCNT 根据对 CNN 不同层特征的分析，构建特征筛选网络和两个互补的 heat-map 预测网络，达到有效抑制相似物，防止跟踪器漂移，同时对目标自身形变更加健壮的效果。实际测试中 FCNT 对遮挡的表现不是很健壮，现有的更新策略还有提高空间。

2. HCFVT 算法

HCFVT 算法思想很简单，就是通过预先训练好的深度神经网络来提取特征，利用多层特征来共同定位，浅层特征位置准确，深层特征包含语义信息，在线学习部分使用当下最受欢迎，又快又好又简洁的相关滤波器。这种思想其实是相当不错的，但是用了深度学习就不得不面对庞大的参数和 GPU 加速处理。HCFVT 是最简洁有效的利用深度特征进行跟踪的方法。

VGG-19 特征（Conv3-4、Conv4-4、Conv5-4）在目标跟踪上的特性和 FCNT 有相同之处：①高层特征主要反映目标的语义特性，对目标的表观变化比较健壮；②底层特征保存了更多细粒度的空间特性，对跟踪目标的精确定位更有效。

基于以上结论，得到一个粗粒度到细粒度的跟踪算法如下：

（1）第一帧时，利用 Conv3-4、Conv4-4、Conv5-4 特征的插值分别训练得到三个相关滤波器。

（2）之后的每帧，以上一帧的预测结果为中心剪切出一块区域，获取三个卷积层的特征，做插值，并通过每层的相关滤波器预测二维的置信度值。

（3）从 Conv5-4 开始算出置信度值最大的响应点，作为预测边框的中心位置，之后以这个位置约束下一层的搜索范围，逐层向下做更细粒度的位置预测，以最底层的预测结果作为最后输出。

（4）利用当前跟踪结果对每一层的相关滤波器进行更新。

这种算法针对 VGG-19 各层特征的特点，由粗粒度到细粒度最终准确定位目标的中心点。相较于 FCNT 和 SO-DLT 都有提高，实际测试时性能也相当稳定，显示出深度特征结合相关滤波器的巨大优势。

（三）MDNet 算法

MDNet 算法利用跟踪序列预先训练深度模型，在线跟踪时进行微调。

意识到图像分类任务和跟踪之间存在巨大差别，MDNet 提出直接用跟踪视频预训练 CNN 获得通用的目标表示能力的方法。但是序列训练也存在问题，即不同跟踪序列跟踪目标完全不一样，某类物体在一个序列中是跟踪目标，在另外一个序列中可能只是背景。不同序列中目标本身的表观和运动模式，环境中光照、遮挡等情形相差甚大。这种情况下，想要用同一个 CNN 完成所有训练序列中前景和背景区分的任务，困难重重。

最终 MDNet 提出多域（Multi-Domain）的训练思路。多域网络分为共享层和区域特定层两部分。将每个训练序列当成一个单独的域，每个域都有一个针对它的二分类层（fc6），用于区分当前序列的前景和背景，而网络之前的所有层都是序列共享的。这样共享层达到了学习跟踪序列中目标共有特征表达的目的，而区域特定层又解决了不同训练序列分类目标不一致的问题。

具体训练时，MDNet 的每个子集只由一个特定序列的训练数据构成，只更新共享层和针对当前序列的特定 fc6 层。这样共享层中获得了对序列共有特征的表达能力，如对光照、形变等的健壮性。

在线跟踪阶段针对每个跟踪序列，MDNet 主要有以下五步：

（1）随机初始化一个新的 fc6 层。

（2）使用第一帧的数据来训练该序列的 boundingbox 回归模型。

（3）用第一帧提取正样本和负样本，更新 fe4、fe5 和 fc6 层的权重。

（4）之后产生 256 个候选样本，并从中选择置信度最高的，做 boundingbox 回归得到最终结果。

（5）当前帧最终结果置信度较高时，采样更新样本库，否则根据情况对模型做短期或者长期更新。

（四）RTT 算法

近年来递归神经网络（RNN），尤其是长短期记忆网络、GRU 等在时序任务上显示出了突出的性能。不少研究者开始探索如何应用 RNN 来解决现有跟踪任务中存在的问题。RTT（CVPR16）利用二维平面上的 RNN 来建模和挖掘对整体跟踪有用的可靠的目标部分，最终解决预测误差累积和传播导致的跟踪漂移问题。其本身也是对基于部件的跟踪方法和相关滤波方法的改进和探索。RTT 的整体框架如下：

一是先对每一帧的候选区域进行网状分块，对每个分块提取 HOG 特征，最终相连获得基于块的特征。

二是得到分块特征以后，RTT 利用前五帧训练多方向 RNN 来学习分块之间大范围的空间关联。通过在四个方向上的前向推进，RNN 计算出每个分块的置信度，最终每个块的预测值组成了整个候选区域的置信图。受益于 RNN 的递归结构，每个分块的输出值都受到其他关联分块的影响，相比于仅仅考虑当前块的准确度更高，避免单个方向上遮挡等的影响，增加可靠目标部分在整体置信图中的影响。

三是由 RNN 得出置信图之后，RTT 执行了另外一条传递路径。即训练相关滤波器来获得最终的跟踪结果。值得注意的是，在训练过程中 RNN 的置信图对不同块的滤波器做了加权，达到抑制背景中的相似物体，增强可靠部分的效果。

四是 RTT 提出了一个判断当前跟踪物体是否被遮挡的策略，用其判断是否更新。即计算目标区域的置信度，并与历史置信度和移动平均数做一个对比，低于一定比例，则认为受到遮挡，停止模型更新，防止引入噪声。

RTT 是第一个利用 RNN 来建模跟踪任务中复杂的大范围关联关系的跟踪算法。相比于其他基于传统特征的相关滤波器算法有较大的提升，说明 RNN 对关联关系的挖掘和对滤波器的约束确实有效。RTT 受制于参数数目的影响，只选用了参数较少的普通 RNN 结构（采用 HOG 特征其实也是降低参数的另外一种折中策略）。RTT 可以运用更好的特征和 RNN 结构，效果还有提升空间。

三、智能图像跟踪应用

图像跟踪系统广泛应用在教育、会议、医疗、庭审以及安防监控等各个行业。视频目标跟踪是视频监控中一个主要的应用方向。在社会各个领域中几乎都能够找到视频监控技术的身影，其优势就在于能够在监视器上实时观测到监控区域的情况，能够直接获得运动目标的信息，因此十分直观可靠。

视频跟踪技术近年来引起越来越多的关注：一方面，计算和存储成本的大幅度下降使得以视频速率或近似视频速率采集存储图像序列成为可能；另一方面，视频跟踪技术极为广阔的市场应用前景也是推动此研究的主要动力。

下面以交通领域为例，分析智能图像跟踪技术的应用。智能图像跟踪技术在交通领域主要有以下应用：

(一) 交通视频车辆跟踪

在道路交通视频图像序列中对车辆图像进行跟踪，主要是通过视频图像序列获取车辆的特征信息，如车辆形状、颜色、阴影部分，统计车辆模型等。并进行车辆的特征识别，提取视频图像中车辆的过程是对图像中车辆的分割过程，而车辆在连续的图像序列中的基本特性是不变的，如车牌、车前灯、车前挡风玻璃等。图像中车辆识别的过程就是在图像序列中找出车辆的特征点，并把图像中车辆的特征点所表现出来的差异信息统计出来。利用 Camshift 算法可以实现对目标的跟踪，并且可以根据人因离镜头的远近产生的变化来调节跟踪窗口的大小。

(二) 街景视频行人跟踪

街景视频行人跟踪涉及行人检测问题，需要在此基础上进行行人跟踪。

1. 行人检测

（1）行人检测需要解决的问题。行人检测是计算机视觉中的经典问题，也是计算机视觉研究中的热点和难点问题。和人脸检测问题相比，由于人体的姿态复杂，变形更大，附着物和遮挡等问题更严重，因此，准确地检测处于各种场景下的行人具有很大的难度。

行人检测要解决的问题是：找出图像或视频帧中所有的行人，包括位置和大小，一般用矩形框表示，和人脸检测类似，这也是典型的目标检测问题。行人检测技术有很强的使用价值，它可以与行人跟踪、行人重识别等技术结合，应用于汽车无人驾驶系统、智能机器人、智能视频监控、人体行为分析、客流统计系统、智能交通等领域。

由于人体具有相当的柔性,因此会有各种姿态和形状,其外观受穿着、姿态、视角等的影响非常大,另外还面临着遮挡、光照等因素的影响,这使得行人检测成为计算机视觉领域中一个极具挑战性的课题。行人检测要解决的主要难题有以下四个:

第一,外观差异大。包括视角、姿态、服饰和附着物、光照、成像距离等。从不同的角度看过去,行人的外观是很不一样的。处于不同姿态的行人,外观差异也很大。由于人穿的衣服不同,以及打伞、戴帽子、戴围巾、提行李等附着物的影响,外观差异也非常大。光照的差异也导致了一些困难。远距离的人体和近距离的人体,在外观上差别也非常大。

第二,遮挡问题。在很多应用场景中,行人非常密集,存在严重的遮挡,我们只能看到人体的一部分,这对检测算法带来了严重的挑战。

第三,背景复杂。无论是室内还是室外,行人检测一般面临的背景都非常复杂,有些物体的外观和形状、颜色、纹理很像人体,导致算法无法准确地区分。

第四,检测速度。行人检测一般采用了复杂的模型,运算量相当大,要做到实时检测非常困难,一般需要大量的优化。

(2)行人检测的解决方案。早期的算法使用了图像处理、模式识别中的一些简单方法,准确率低。随着训练样本规模的增大,如 INRIA 数据库、Caltech 数据库和 TUD 行人数据库等的出现,出现了精度越来越高的算法,算法的运行速度也被不断提升。行人检测主要的方法是使用"人工特征+分类器"的方案,以及深度学习方案两种类型。使用的分类器有线性支持向量机、AdaBoost、随机森林等。

自从深度学习技术被应用于大规模图像分类以来,基于深度学习学到的特征具有很强的层次表达能力和很好的健壮性,可以更好地解决一些视觉问题。因此,深度卷积神经网络被用于行人检测问题是顺理成章的事情。基于深度学习的通用目标检测框架,如 Faster-RCNN、SSD、FPN、YOLO 等都可以直接应用到行人检测的任务中,相比之前的 SVM 和 AdaBoost 分类器,精度有显著的提升。以下根据 Caltech 行人数据集的测评指标,选取几种专门针对行人问题的深度学习解决方案进行介绍。

第一,CascadeCNN。如果直接用卷积网络进行滑动窗口检测,将面临计算量太大的问题,因此必须采用优化策略。用级联的卷积网络进行行人检测的方案借鉴了 AdaBoost 分类器级联的思想。前面的卷积网络简单,可以快速排除掉大部分背景区域;后面的卷积网络更复杂,用于精确地判断一个候选窗口是否为行人。通过这种组合,在保证检测精度的同时极大地提高了检测速度。这种做法和人脸检测中的 CascadeCNN 类似。

第二,JointDeep。这是一种混合的策略,以 Caltech 行人数据库训练一个卷积神经网络的行人分类器。该分类器是作用在行人检测的最后的一级,即对最终的候选区域做最后一关的筛选，因为这个过程的效率不足以支撑滑动窗口这样的穷举遍历检测。

用 HOG+CSS+SVM 作为第一级检测器，进行预过滤，把它的检测结果再使用卷积神经网络来进一步判断，这是一种由粗到精的策略。

第三，SA-FastRCNN。根据 Caltech 行人检测数据库中的数据分布，提出了两个问题：①行人尺度问题是待解决的一个问题；②行人检测中有许多的小尺度物体，与大尺度物体实例在外观特点上非常不同。

该方法针对行人检测的特点对 FastR-CNN 进行了改进，由于大尺寸和小尺寸行人提取的特征显示出显著差异，因此针对大尺寸和小尺寸行人设计两个子网络分别进行检测。利用训练阶段得到的 scale-aware 权值将一个大尺度子网络和小尺度子网络合并到统一的框架中，利用候选区域高度估计这两个子网络的 scale-aware 权值。

2. 行人跟踪

以商场走廊监控视频为例，使用 IVT、ASLA、SCM、LIAPG、MTT、LSK、OURS 这七种跟踪算法在 Caviar2 视频序列中的跟踪结果进行分析。视频中有多个行人在走动，各行人间的差异性小，目标显著性不明显。而且，目标在行走过程中发生遮挡，其中 ASLA、LIAPG、MTT 及 LSK 算法发生了漂移，完全丢失了目标。目标由远走近，尺寸不断变大，IVT 算法虽然能够一直跟踪目标，但不能完全适应目标的尺寸变化；SCM 算法能自始至终精确地定位目标；OURS 算法采用增量子空间学习的方法适应目标模板的外观变化，减少了遮挡对目标模板的影响，有效削减了遮挡的影响。

第三节　智能图像的融合方法与应用

图像融合利用多幅图像信息，可以获得更为准确、全面和可靠的信息，是智能图像处理的发展方向之一。

一、图像融合概述

（一）图像融合的基本概念

图像融合处理是智能图像处理的发展方向之一，从单图像传感器发展到多传感器（多视点）的融合处理，可更加充分地获取现场信息。还可以融合多类传感器，如图像传感器、声音传感器、温度传感器等，共同完成对现场的目标定位、识别和测量。

图像融合是多源信息融合的重要分支，是在多测度空间综合处理多源图像和图像序列的技术。一般而言，图像是在某种意义上对客观实际的一种反映，是一种不完全、不精确的描述，图像融合通过提取和综合两个或多个多源图像信息，充分利用多幅图像中包含的冗余信息和互补信息，以获得对同一场景或者目标更为准确、全面和可靠的图像，使之更加适合于人眼感知或计算机后续处理。图像融合不同于一般意义上的图像增强，它是计算机视觉和图像理解领域中的一项新技术。

随着信息技术、传感器技术和图像处理技术的发展，图像融合已成为一个热门的研究方向。图像融合将描述同一场景的多个图像合成一幅新的图像，这些图像可以是不同成像传感器获得的，也可以是单个成像传感器以不同方式获得的。即融合源图像可能来自多个传感器同一时间段的图像，也可能来自单个传感器不同时间段的图像序列。图像融合充分利用多幅图像资源，通过对观测信息的合理支配和使用，把多幅图像在空间或时间上的互补信息依据某种准则进行融合，从而得到比单一图像更为丰富和有用的信息，使融合后的图像比参与融合的任意一幅图像更优越，更精确地反映客观实际，以提高对场景描述的完整性和准确性。图像融合已广泛应用于机器视觉、目标识别、医疗诊断和遥感遥测等多个领域。

所谓的图像融合技术，是指将由不同成像设备所摄取到的、关于同一场景的图像，通过不同的手段，经过一定的转换处理，实现影像信息优势互补，以便得到对这一目标更有价值的图像描述。融合过程充分发挥多元化待融合图像中所包含的互补和冗余信息的作用，互补信息可使融合后的图像蕴含更细致的纹理信息，增加图像信息量，而冗余信息可以优化信噪比，提高融合图像的精准性、可靠性以及健壮性。

以一个经典的故事——盲人摸象来解释图像信息融合：五个盲人从来没见过大象，他们无法用眼睛观察，希望用手触摸感觉来认识和了解大象，每个人事先被告知触摸大象整体的一部分（鼻子、耳朵、身体等），五个盲人把各自获得对象的局部特征信息进行综合，就可能获得对大象正确的整体认识。不同的影像设备就如五个盲人，能够有针对性地提取整体图像的不同特征信息，对来自不同成像设备的图像进行融合有助于更全面地了解目标整体信息，便于对目标的进一步观察和处理。

总之，当单一成像设备获得图像不能满足用于部位识别或场景表达的充足信息时，或者在不利的环境情况下（如低照明、模糊、低配准等）难以得到清晰的图像展示时，通过融合技术可得到较满意的图像描述。

鉴于综合了来自不同成像设备的多源图像，融合后图像对目标的描述比任何单一源图像更加准确、全面，具有更强的健壮性，即使个别成像设备出现故障也不会对研究目标产生较大影响，更能满足人和机器的视觉习惯，有利于诸如图像分析理解、目标增强、特征分割等进一步的图像处理。

（二）图像融合的处理层次

根据融合处理所处的阶段不同，图像融合通常可划分为像素级融合、特征级融合和决策级融合。融合的层次不同，所采用的算法、适用的范围也不相同。

1. 像素级融合

像素级融合属于低层次的融合方式，在图像像素点数据层次进行融合，对原始图像进行图像配准，之后融合形成一幅新的图像。像素级融合的方法简单，适用范围广泛。像素级融合方法增加了图像中每个像素的信息内容，保留了尽可能多的原始信息，能够提供其他融合层次所不能提供的更为丰富、精确、可靠的信息，这样有利于图像的进一步分析、处理与理解，进而提供最优的决策和识别性能。

在实施像素级融合之前，需要对参与融合的原图像进行预处理，包括精度达到像素级的图像配准，如果参与融合的图像具有不同的分辨率，则需要在图像相应区域做映射处理。

像素级融合方法因其针对对象为像素点，所须处理信息量巨大，处理信息速度相对较慢。

对像素级图像融合方法的基本要求如下：

（1）融合图像尽可能多地加入图像互补信息。

（2）模式保持。融合图像应包含各个源图像中所具有的有用信息，不破坏图像的色彩信息，也不能丢失图像的纹理信息，以便获得一个既有光谱信息又有空间信息的图像。

（3）最小限度地引入赝象。合成图像中应尽量少引入人为的虚假信息或其他不相容信息，以减少对人眼以及计算机目标识别过程的干扰。

（4）对配准误差和噪声具有一定的健壮性。融合算法对配准的位置误差和噪声不应该太敏感，融合图像的噪声应降到最低程度。

（5）在某些应用场合中应考虑算法的实时性。

2. 特征级融合

特征级融合属于中间层次的融合方式，首先提取各图像的主要特征，然后对特征进行融合，建立合成特征。新的特征相对于融合之前的特征，维度之间具有更低的相关性，去除了冗余和相关因素。特征级融合对配准要求不高，因此拥有更高的灵活性和实用性。但是相比像素级图像融合来说，特征级融合丢失了很多纹理、细节信息。

3. 决策级融合

决策级融合处于信息融合的最高层次，是对来自多幅图像的信息进行逻辑推理或统计推理的过程。相比像素级融合和特征级融合，其对原始图像的要求最低，对一定的错误可以进行纠正，处理损耗低，因此可在广泛的范围内使用。

决策级融合不需要考虑传感器对准问题，如果传感器图像表示形式差异很大或者涉及图像的不同区域，那么决策级融合或许是融合多个图像信息的唯一方法。用于融合的符号可以源于系统中传感器提供的信息，也可以来自环境模型或系统先验信息的符号。

以上三个融合分别在不同的层次上进行，主要区别在于对图像数据的抽象程度不同。例如，决策级融合只须对信息进行识别关联，而像素级和特征级融合不仅需要对多源数据进行关联，还要对其进行配准等操作，需要注意的是，它们关联和识别的顺序是存在差异的。相比较而言，像素级图像融合是摄取信息最丰富、检测性能最好、最广泛适用、对设备要求最高的一种，也是最基础、最重要的融合方法，是特征级和决策级融合的基础。

二、智能图像融合方法

（一）图像融合方法概述

根据图像融合处理层次的融合算法不同，图像融合方法也不同。

像素级融合方法主要有像素灰度值取大、像素灰度值取小、像素灰度值加权平均。

特征级融合方法主要包括三类。①简单的特征组合，按照串行或者并行的方法将针对某一类型的图像提取的所有特征组合起来，构成新的特征向量。这种方式比较简单，但形成的新的特征维度比较高，且冗余比较大。这是比较初级的特征融合方法，也是经典的特征融合。②将几种不同模态的特征向量映射到新的维度空间，然后将其融合为一种新的特征向量。这种融合算法充分挖掘了特征向量之间的关系，将其在新的投影空间进行组合，既降低了特征的维度，又去除了融合后特征的冗余性。典型的算法有经典相关分析、小波变换法、拉普拉斯金字塔变换法等。这些较流行的算法，理论推导比较完善，在特征融合方面也具有比较好的效果。③基于神经网络的特征融合方法，比较流行的有深度神经网络、卷积神经网络和递归神经网络。其特征融合主要通过自动提取局部特征，以达到类似于生物神经网络的学习模型效果，也是目前图像识别领域比较好的算法。深度神经网络和递归神经网络都是在卷积神经网络的基础上通过改变网络层次结构和深度来实现的。但基于神经网络的算法具有共同的特征，既需要大量的训练数据，同时也需要强大的硬件如GPU 的支持，模型训练比较复杂，一般的硬件设备难以满足其需求。

决策级融合可以利用表决法、Bayes 理论、D-S 证据理论等，集成算法也属于决策级融合的典型算法，如随机、决策树和 Bagging 算法。

这些算法也可划分为基于空间域、变换域和智能域的图像融合三大类。

1. 基于空间域的方法

基于空间域的方法是最早采用的融合方法，融合过程是对两幅或者多幅配准好的源图像在同一像素灰度空间下做算术运算处理，运算的方法有直接在图像的空间坐标下进行像素灰度值加权平均、比较大小，以及形态运算、逻辑运算符滤波、对比度调制等。该种方法的操作过程简单、直观，但是融合精度往往较低，效果有待改善。因此，常用于对精度要求不高的场合，或者作为进一步融合的基础。

经典的基于空间域图像融合的方法主要有逻辑滤波法、灰度值加权平均法、亮度-色度-饱和度变换法、主成分分析法、数学形态法、图像代数法以及模拟退火法等。逻辑滤波方法是一种利用逻辑运算将多个像素的数据合成为一个像素的直观方法，例如当多个像素的值都大于某一阈值时，"与"滤波器输出为"1"。图像通过"与"滤波器而获得的特征可认为是图像中十分显著的成分。同样，"或"逻辑操作可以十分可靠地分割一幅图像。颜色空间融合法是利用图像数据表示成不同的颜色通道。简单的做法是把来自不同传感器的每幅源图像分别映射到一个专门的颜色通道，合并这些通道得到一幅假彩色融合图像。该类方法的关键是如何使产生的复合图像更符合人眼视觉特性及获得更多有用的信息。

2. 基于变换域的融合方法

到了 20 世纪 90 年代，随着金字塔方法和小波方法的提出，变换域方法开始投入使用，并取得了很好的效果。变换域方法是将源图像首先做空间频域的转换，接着对处理得到的系数根据一定规则结合，获取融合系数，最后采用逆变换方法重建融合图像。最早的变换域方法是多分辨率金字塔，该方法对源图像做滤波处理，得到一个塔形构造，对分解后不同塔层执行不同算法做数据融合，进而得到一个复合式的塔状构造，然后对得到的塔式结构进行逆变换操作以获取融合后的图像。这类方法生成的数据存在冗余现象，而且不同层的数据之间有关联，效果虽好，但是过程相对较复杂。

（1）基于主成分分析的融合方法。该方法首先求得多个图像间的相关系数矩阵，由相关系数矩阵计算出特征值和特征向量，进而求得各主分量图像；其次将高空间分辨率图像数据进行对比度拉伸，使之与第一主分量图像数据具有相同的均值和方差；最后用拉伸后的高空间分辨率图像代替第一主分量，将其同其他主分量经 PCA 逆变换得到融合的图像。该方法可以很好地保持图像的清晰度。

主成分分析法主要的作用是降低计算维数。数字图像处理中运用主成分分析法的目的就是为了提高图像数据的处理速度。基于 PCA 变换的图像融合算法具体步骤为：①图像的预处理；②图像进行主成分分析，通过计算求出变换矩阵特征值和特征向量；③排列特征值，求出新的主分量，将第一主分量与全色图像进行直方图匹配；④用求得的匹配图像代替第一主分量，进行图像融合。融合后得出的主分量进行逆变换得到最终融合图像。

主成分分析法对图像融合的基本原理是能提取图像的主分量，通过图像的主要特征对图像进行融合，其降维的处理办法能大大提高数字信号处理的速度，而缺点就是在变换的提取过程中图像的部分信息会丢失，导致最后的融合图像的分辨率降低。

（2）基于多尺度变换的融合方法。基于多尺度变换的融合算法的优点是它能提供对人眼的视觉比较敏感的强对比度信息，以及它在空间和频域的局部化能力。概括地说，基于多尺度变换的融合方法包括三个主要步骤：①多个传感器源图像分别进行多尺度分解，得到变换域一系列子图像；②采用一定的融合规则，提取变换域中每个尺度上最有效的特征，得到复合的多尺度表示；③对复合的多尺度表示进行多尺度反变换，得到融合后的图像。

根据多尺度变换形式的不同，基于多尺度变换的图像融合算法可分为基于图像金字塔变换的融合方法和基于小波变换的融合方法。基于图像金字塔变换的融合方法包括拉普拉斯、比率低通、梯度、形态学等金字塔变换。

以基于小波变换的图像融合方法为例。小波变换是傅里叶分析的继承与发展，但又有傅里叶分析无法比拟的优越性。傅里叶变换是整个时间轴上的平均，不能很好地反映信号的局部特性，而 20 世纪 80 年代发展起来的小波变换技术则是空间（时间）和频率的局部变换，因而能有效地从信号中提取有用信息，实现对信号的多尺度细化分析。其在时域和频域同时具有良好的局部化特性和多分辨率特性，常被誉为信号分析的"数学显微镜"。近年来，小波分析的理论和方法在信号处理、语音分析、模式识别、数据压缩、图像处理等领域得到了广泛应用。

图像的小波变换是一种图像的多分辨率、多尺度分解。分辨率不同，图像特征的表现也不同。由于无法确定何种分辨率下提取的特征最能代表目标且最有利于目标的分类，因而需要将图像变换到不同分辨率下分别提取特征。

由于小波分解的层次结构所形成的数据量是一个逐级减少的塔状结构，故称其为金字塔结构，基于小波变换的图像融合正是在这一结构的基础上进行的。基于小波变换的多尺度图像融合等效于将原始图像分解到一系列的频率通道中，再利用金字塔结构在图像的不同空间频带内分别进行融合处理，这样就有效地将不同图像的细节融合在了一起，而且边缘不突兀。

基于小波变换的图像融合过程如图 5-10① 所示。其基本步骤为：①对每一幅源图像

---

① 杨露菁. 智能图像处理及应用 [M]. 北京：中国铁道出版社，2019：230.

分别进行小波分解，获得不同分辨率下的小波系数图；②选择恰当的融合规则，分别对小波每一分解层的每一系数图进行合成，获得合成的小波系数分解图；③对融合后所得的小波金字塔进行小波逆变换，所得重构图像即为融合图像。

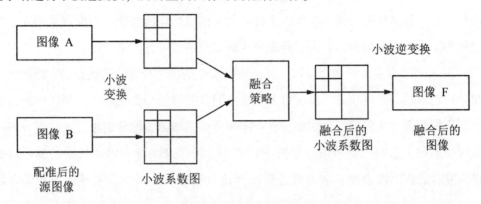

图 5-10　基于小波变换的图像融合原理图

在图像融合过程中，融合规则及融合算子的选择对融合质量至关重要。为了获得细节更丰富突出的融合效果，采用的融合规则及融合算子描述如下：①对分解后的低频部分，即图像的"粗像"，采用加权平均融合规则或灰度值选择融合规则；②对高频分量，采用基于区域特性量测的选择及加权平均算子；③对于三个方向的高频带，分别选用不同的特性选择算子。

下面以两幅图像的融合为例，对多幅图像的融合方法可由此类推。设 A、B 为同一目标在两个不同视角下的图像，并且已经配准，F 为融合后的图像。其融合处理的基本步骤如下：

第一，对每一幅预处理后的图像做二维离散小波分解，得到三个细节子带图像和一个低频子带图像。

第二，采用基于像素级的融合方法或基于区域特性的融合方法，分别对小波每一分解层的每一系数图进行合成，获得合成的小波系数分解图。

第三，对融合后所得的小波金字塔进行小波逆变换，得到的重构图像即为融合图像。

3. 基于智能域的融合方法

近年来，图像融合技术的研究呈现多元化，在对经典变换域方法优化改进的基础上，越来越多的人工智能方法发挥着其特有的优势，结合传统图像处理方法，有效改善了经典方法应用到复杂图像的情况，取得了较好的发展前景。智能域方法是以模拟人工智能处理方法来实现对图像的目标分析和信息融合。常见的智能域方法包括蚁群算法、模糊推理、神经网络、粒子群算法、粒计算、云模型等，目前已经应用到图像分割、配准、融合、压缩以及图像重建等领域。

总之，上述图像融合方法具有各自的优缺点。基于空间域的融合方法，以直接处理灰度值的方式进行，它的优点是简单易行，但是融合精度往往不高；基于变换域的融合方法首先对图像做空间频域的变换，然后按照某种规则获取融合系数，最后进行逆变换得到输出图像，它的融合精度虽高，但融合过程复杂；智能域方法涉足图像融合领域还处于发展起步阶段，算法不够成熟，但已显现出很多优良特性。

（二）基于卷积神经网络的图像融合方法

基于卷积神经网络的识别方法是一种端到端的模型结构，使图像可以直接作为网络的输入，避免了传统识别算法中复杂的特征提取和数据重建过程。多层的卷积结构设计使得该网络对平移、比例缩放、倾斜或者其他形式的形变具有高度不变性。该方法在图像分类、目标检测、显著性分析等众多计算机视觉领域已取得了突破性的进展。

基于卷积神经网络的图像融合识别流程为：①将同一目标的多幅图像并行送入几个相同的神经网络进行特征提取；②利用某种特征选择方法对串联的融合特征进行降维，去除无关的特征向量，得到融合的特征；③网络的全连接层和输出层对网络进行回归训练，得到目标识别分类结果。

1. 特征融合网络结构

将改进的 AlexNet 作为特征提取融合的基本结构，将来自某一目标不同来源的三幅图像并行输入三个相同的六层神经网络中进行特征提取。网络结构包括四个卷积层、两个全连接层、一个输出层。

根据神经网络的迁移学习能力，将 ILSVRC12 中训练好的模型作为网络的初始化参数，再利用实际应用的数据集进行微调。

在训练过程中，针对不同尺寸的输入图像，需要将其映射为 227×227 像素的矩形，以适应网络结构的输入。不同的映射方法对识别率有不同的影响，例如采用双线性插值法，将输入图像减去像素均值后利用 CNN 进行训练，通过前向传播逐层提取特征，在第六层得到 4096 维的特征向量，记为向量 A。同理，利用相同的 CNN 对其他来源的两幅图像进行特征提取，分别得到向量 B 和 C。将三组向量按顺序进行串联组成融合特征向量，该向量包含了不同图像来源的目标的特征信息。

2. 互信息特征选择

原始图像中通常缠绕着高度密集的特征，如果能够解开特征间缠绕的复杂关系，转换为稀疏特征，则特征具备稳健性。此外，深度神经网络中每层待优化参数主要集中在全连接层。利用合理的降维方法去除高维特征向量中的冗余和噪声信息，在减小计算量的同时还可以提高识别的准确率。

特征压缩是通过投影将所有信息进行压缩，保留的信息仍含有一定的冗余和噪声，而特征选择的过程是通过舍弃冗余信息而保留对分类贡献较高的有用信息。采用基于互信息特征选择的方法对串联特征进行降维，并按照重要性进行排序，该方法可根据需要任意设定阈值，选择不同维度的特征向量，而不再需要重新计算。上述串联融合的特征在降维过程中三幅图像的特征向量彼此互不干扰。特征的排序与选择仅在同一幅图像的特征向量中进行。

利用基于互信息的特征选择方法计算维度和标签之间的互信息是一种基于监督的方法，以图像特征向量 A 为例，数据集中所有图像的第 i 维向量为 $A_{,i}$，标注的图像类别标签为 G，其互信息为 I（$A_{,i}$，G）。一般来说，互信息越大，则这一维向量用于分类越有效。互信息的值是对每一维向量重要性的评估，根据互信息的值按照降序对所有 N 维向量进行排序，若要将 N 维向量降到 D 维，只须取互信息排序前 D 名的向量即可。

3. 目标识别分类

串联后的图像特征为 4096 维，选择后的特征利用网络中全连接层及输出层，对融合后的特征向量进行回归训练，输出不同目标的类别概率，其中全连接层每层包含 1024 个神经元，输出层利用 softmax 函数对不同类别目标进行分类。

三、智能图像融合应用

（一）多模态医学影像融合

1895 年，德国物理学家伦琴得到了人体的第一张 X 射线图像，开启了医学成像技术，并渗透到医学诊断的各个领域中。医学成像技术是临床研究的主要途径，是医学图像处理的基础手段。100 多年以来，多维图像可视化技术和高性能计算机技术实现了质的飞跃，医学成像技术也从静态、平面、形态成像阶段发展到了多维、动态、功能成像阶段。随着影像工程学的发展，医学领域中不断更新的影像成像设备在丰富图像模态形式的同时，也在极大程度上提高了图像显示的精确性，使临床病症的诊断更加可靠。诸如超声、CT、MRI、电子内窥镜、数字减影等医学成像图像，都可针对人体某一特定部位提供直观图像信息，但是由于在成像原理和成像设备方面的差异，这些图像所具备的特征也各不相同。图像融合能够很好地集成不同图像的信息，使得临床医学诊断和治疗更精准完善。

医学影像融合的目的是充分利用来自不同影像设备的医学图像信息，将它们进行综合分析以获取有价值的信息，方便医疗工作人员快速定位病变部位。与普通图像相比，医学图像在采集过程中可能存在图像显著特征不明显、纹理信息不清晰，以及噪声引起的干扰等现象，这很大程度上降低了图像的人眼视觉效果。因此，医学应用对图像融合方法以及规则提出了更高的要求：一方面，融合后的医学图像应最大限度地准确保留源图像蕴含的数据信息，避免出现丢失源图像大量细节信息的现象，以保证医学工作人员在临床上的正确判断；另一方面，融合后图像尽可能地满足人眼的视觉特性，具有良好的对比度，能够更好地展示关键信息或者详细的病变部位信息。

1. 医学图像融合的意义及应用

现代医学成像技术为临床医学诊断提供了计算机 X 射线摄影（X-Ray）、超声成像（UI）、计算机断层成像（CT）、数字减影血管造影（DSA）、单光子发射断层成像（SPECT）、核磁共振成像（MRI）、正电子发射断层成像（PET）、功能核磁共振图像（fMRI）等不同模态的医学影像。

根据医学图像所提供的信息内涵，医学图像可分为两大类：解剖结构图像（如 X-Ray、CT、MRI、B 超等）和功能图像（如 PET、fMRI、SPECT 等）。这两类图像各有其优缺点：解剖图像具有分辨率较高的优点，主要描述人体形态信息，能清晰地提供脏器的解剖形态信息，但无法反映脏器的功能情况；功能图像能够提供脏器功能代谢信息的优势是解剖图像所不能取代的，但它的分辨率较差，无法清晰地刻画出器官或病灶的解剖细节。例如，为了给病灶部位提供较为精确的定位参照，CT 图像的密度分辨率较高，使得由计算机重建的图像可不与临近体层的影像重叠，进而得到清晰的骨骼图像，但在软组织成像方面 CT 所成图像的对比度较低。在不同的成像技术中，MRI 图像的组织分辨率较高，可清晰分辨心肌、心内膜等组织器官，使心腔与血流、心肌之间形成良好的组织对比度，但其存在所成图像钙化点不敏感的问题，且在受到磁干扰后极易出现几何失真现象。

由此可见，不同成像技术的优缺点各不相同，同一解剖结构所得的多种医学图像在形态功能上的描述有较大差异，且单一的图像特征信息无法准确反映出图像包含的全部生物体征信息。因此，为使病理研究与诊断更加严谨，须充分利用不同成像技术的优势，融合来自多个医疗设备的医学图像，将两个以上不同类型的图像信息进行融合，有助于为疾病的诊断与治疗提供更加准确与丰富的信息，保证临床病症诊断与疾病治疗的正确性。

不同医学影像设备呈现出不同模态的图像，从各个侧面和角度反映了人体的状况，为医学诊断和治疗提供了精准、全面的信息。然而不同成像设备所成图像都只能反映人体某些方面的信息，比如 CT 成像是利用精确准直的 X 线束、超声波等，与敏感度极高的探测器一同围绕人体的某一器官做一个个的断面扫描，所成图像以不同的灰度来表示，反映器官和组织对 X 线的吸收程度；而 MRI 是通过磁共振现象从人体中获得电磁信号，并重构出人体信息，但空间分辨率不如 CT。单一影像设备所提供的图像信息往往不足以得出准确、全面的医学结论或治疗方案，所以，临床诊断上常对同一模式进行多次成像，或者对同一病变部位采取多种影像设备成像。虽然目前解剖影像设备和功能影像设备的技术已经得到较快的发展，图像的空间辨识度和图像质量也得到很大提升，但是不同影像设备的成像原理不同，导致各模态的图像信息存在局限性，因此，单独使用某一种模态的成像技术，效果都不太理想，若想同时运用多种模态图像的信息，就只能寄希望于医生的想象力、经验和推理来综合处理，这局限于很多主观因素的影响。医学影像学不断试图寻求一种新的影像处理方法，而图像融合技术便是该想法的产物。

近年来，图像融合技术在医疗领域影像诊断、可视化手术、肿瘤放射治疗等临床应用中起到了极好的辅助作用。图像融合技术把各种医学图像的信息有机地结合起来，不仅可以优势互补，还有可能发现新的有价值的信息。如 CT 提供的骨骼信息，MRI 提供的软组织信息、血管信息等，在有骨骼的地方选择 CT 属性，在其他有软组织的地方选择 MRI 属性，融合各信息用于制订手术计划。

目前，对图像融合方面的研究主要集中在提高融合精准度与三维重建显示技术的发展与应用方面。其中，三维重建显示技术是根据 CT、MRI 等二维图像中获得的人体信息在虚拟现实环境中构建人体立体仿真模型，医生可从计算机显示屏上直接观察病灶部位与病变特征，并可通过旋转、平剖等操作模拟手术过程。

在未来，基于图像融合的数字可视化与虚拟现实技术相结合，可望创造一个虚拟环境，帮助医生制订最有效、最安全的手术方案。在信息处理技术不断完善的过程中，以更高速、精准的形式融入医用领域，将为医疗事业的进步提供更多的信息支持，为临床诊断、远程监护、可视化手术等提供更加丰富且精确的信息。

在医学影像设备的发展中，功能成像和解剖成像的结合是一个发展契机，多模态医学图像融合技术能够实现两者的有效综合，在临床诊断治疗、肿瘤的准确定位以及癌症的早期预测方面发挥着重要的作用。图像融合技术作为图像数字信息研究的基础，已经普遍应用于遥感、自动目标识别、军事、机器人、计算机视觉等方面，随着功能成像设备和解剖成像设备杂交技术的出现，图像融合技术将实现进一步的飞跃，在病灶定位、放射治疗方案制订、器官功能分析、神经手术指导以及治疗效果反馈评估等临床实践中有着日益重要的应用价值，势必给医学诊断领域带来一场革新。

2. 医学图像融合技术

单一模态医学图像在图像分析分解时提供的信息具有局限性，解决该问题的最佳途径就是利用多模态医学图像融合技术。

综上所述，多种先进的医学影像设备的出现，为医学研究和临床治疗提供了更多模态的图像信息，不同模态的医学图像反映了身体器官（如脑、胸、肺等）和病变部位的不同信息，体现出不同的优势。融合过程能够充分将不同影像设备获取的图像信息有机联合起来，融合后图像的特点相互印证、综合呈现，使人体内部的解剖结构、器官功能等各方面的医学信息同时呈现在一幅图像上，有助于全方位地认识病变的类型以及与周围组织的解剖关系。

图像融合是指整合两个或多个来自不同模态的场景信息，以获得对目标更为准精、全面、可靠的图像表达。将不同模态的图像进行有机融合后可为医学研究提供比单一模态更为丰富的诊断信息。医学图像融合是将来自相同或不同成像方式的医学图像进行空间配准和叠加，这些图像经过必要的变换处理，使它们的空间位置、空间坐标达到匹配，叠加后获得互补信息及增加信息量，把有价值的生理、生化信息与精确的解剖结构结合在一起，给临床医学诊断提供更加全面和准确的资料。

医学领域的图像融合分类有：①按图像融合对象的来源可分为同类图像融合（inner-modality，如 SPECT-SPECT、CT-CT 等）和异类图像融合（inter-modality，如 SPECT-CT、PET-MRI 等）；②按图像融合的分析方法可分为同一病人的图像融合、不同病人间的图像融合和病人图像与模板图像融合；③按图像融合对象的获取时间可分为短期图像融合（如跟踪肿瘤的发展情况时在 1~3 个月内做的图像进行融合）和长期图像融合（如进行治疗效果评估时进行的治疗后 2~3 年的图像与治疗后当时的图像进行融合）。

医学图像的融合希望尽可能保留原始图像信息，因此一般采用数据级融合方法，分三个主要步骤完成：首先，须先对图像源信息进行去噪声、增强对比度或分割区域等预处理操作，预处理过程中针对不同种类应用所采用的处理方法也不尽相同，一般是分割目标或者将目标对象进行视觉增强处理，用以进一步突出目标细节；其次，进行图像配准操作，不同的图像源信息需要在位置关系上找到相互对应的点，使图像源信息在空间上达到一致；最后，进行信息的融合与显示处理。

医学图像处理主要包括图像增强（图像预处理）、图像配准、图像融合、图像分割等，各个领域环环相扣、相互依存。比如，医学图像配准是实现两幅或多幅待处理图像在同一空间坐标下的像素能够表达目标的同一空间位置，配准操作是融合的前提，若图像融合前没有进行配准操作，多半会导致融合结果出现错位现象。而融合是配准的直接目的之一，它整合了来自不同模态的图像信息，有效提升了图像信息的利用效率。医学图像融合将多源成像设备所摄取到的关于同一场景的描述信息经过整合分析和计算机处理等，尽可能多地提取各成像设备的有利信息，有效地转换成一幅高质量的图像，以提高信息的利用率，供临床医学研究应用。

（二）多元遥感图像融合

多传感器图像融合技术最早应用于遥感图像的分析和处理中。1979 年，Daliy 等人首先将雷达图像和 Landsat-MSS 图像的复合图像应用于地质解释，其处理过程可认为是最简单的图像融合。20 世纪 80 年代中期，图像融合技术开始引起人们的关注，并逐渐应用于遥感多谱图像的分析和处理中。80 年代末，人们开始将图像融合技术应用于一般的图像处理中。近年来，随着光学、电子学、数学、摄影技术、计算机技术等学科的发展，处理器、存储器和显示设备性能的提高，且价格不断下降，使得数字图像处理技术迅速发展起来。而传感器技术的不断发展，使人们获取图像的途径越来越多。因此，图像融合技术的研究不断呈上升趋势，应用领域也遍及遥感图像处理、可见光图像处理、红外图像处理、医学图像处理等。

遥感图像融合是将关于同一目标的不同波段、不同光谱分辨率、空间分辨率和时间分辨率的遥感图像进行信息融合，以得到结合多种优势的遥感资料。融合可以提高被观测目标的分辨率，弥补单一遥感图像的缺陷，从而在光谱信息保持和空间分辨率增强方面具有优势。

遥感图像分类是通过对各类地物的特征进行分析来选择特征参数，将特征空间划分为互不重叠的子空间，然后将影像内各个像元划分到对应的子空间中去而实现分类。传统遥感图像分类效果受到遥感图像本身的空间分辨率及"同物异谱""异物同谱"等因素的影响，易出现较多的错分、漏分，使得分类精度不高。

商业和情报部门用图像融合技术对旧照片、录像带进行恢复、转换等处理。在卫星遥感领域，星载遥感用于地图绘制、多光谱/高光谱分析、数据的可视化处理、数字地球建设等，图像融合是必不可少的技术手段。美国陆地资源卫星用多幅光谱图像进行简单的数据合成运算，取得了一定的噪声抑制和区域增强效果。随着遥感技术的发展，获取遥感数据的手段越来越丰富，各种传感器获得的影像数据在同一地区形成影像金字塔，图像融合技术实现多源数据的优势互补，为提高这些数据的利用效益提供了有效的途径。

随着图像获取设备的多样化，在遥感领域的图像融合处理的图像种类也越来越多，如雷达与红外图像融合、红外图像与可见光图像融合、雷达与雷达图像融合、不同波段红外图像融合、单传感器多谱图像融合、单传感器图像序列的融合、图像与非图像的融合等。

1. SAR 图像、可见光、红外图像融合

由于成像方式及波谱接收段的不同，SAR 图像、可见光图像和红外图像所反映的信息有很大差异，且各有优缺点。合成孔径雷达（SAR）图像是一种利用微波进行感知的主动传感器，与红外、光学等传感器相比，SAR 成像不受天气、光照等条件的限制，可对感兴趣的目标进行全天候、全天时的侦察。另外，利用微波的穿透特性，还可实现对隐蔽目标的探测，SAR 图像对成像场景中的人造目标（特别是金属目标）形成的角散射体等十分敏感。其缺点是，SAR 图像为雷达相参成像，对场景的纹理边缘描述不完整，图像中的边

缘纹理是离散的，同时图像中存在较大的相干斑噪声；可见光成像分辨率较高，与 SAR 图像、可见光图像相比，可提供更多的目标细节，但是它受距离、天候的影响很大；红外图像的特点是，由于目标内有较大的温度梯度或背景与目标有较大的热对比度，因此低可视目标在红外图像中很容易看到，但是它无法提供清晰的目标细节。

将 SAR 图像与可见光图像、红外图像进行融合，将其他图像获得的场景中较为完整的纹理边缘信息加入 SAR 图像中，既可以保持 SAR 图像的频率特性，又可使融合图像的边缘纹理更加完整，从而获得空间分辨率和频率分辨率都较高的融合图像，增加对实际场景的描述能力。

2. 多谱图像融合

不同波段对同一场景所成的图像具有不同的特点。例如，低波段 SAR 具有很强的穿透能力，可以探测到树林中或地表下的隐蔽目标；高波段 SAR 可以得到场景清晰的轮廓和更细节的特征。多谱图像融合是把多波段的图像信息综合在一张图像上，在此融合图像上，各波段信息所做的贡献能最大限度地表现出来。可对源图像各波段像素亮度值做加权线性变换，产生新的像素亮度值，或将多个波段的信息集中到几个波段上，如红色、绿色、蓝色波段。多谱图像融合也可通过亮度、色度和饱和度变换、主成分分析和高通滤波等方法进行。为了得到更好的融合结果，可将已提取的目标信息加入变换公式中，根据先验信息对图像参数进行修正。基于已知特征的融合方法可以针对不同的要求，灵活改变信息特征的提取方法，用微分几何法将多谱图像变换为可视图像可能会成为有前途的方法。

采用来自不同电磁波段的两个通道，如 $3\sim5\mu m$、$8\sim14\mu m$ 波段的红外传感器，得到的目标背景信息增加了一倍，同时采用融合技术，可提高系统的探测距离和识别能力。该方法在地下探矿、人造目标探测和航空遥感等方面有广泛应用。两波段红外图像融合后可得到彩色融合图像或单色图像。如何利用多波段 SAR 图像准确快捷地判断出目标的总体数量和方位等信息，并提高目标检测性能，是现代战场侦察亟须解决的一个问题。

（三）多源交通图像融合

智能交通系统最重要的部分是视频检测系统对路况信息的采集与监控，但是由于交通图像在采集过程中受外界因素的影响很大，采集的图像的关键信息往往不够清晰。如：天气因素，日照、暴雨、雾霾、风沙等均会降低画面清晰程度；车速因素，车辆、行人等监控对象均处于相对运动状态，会出现运动模糊现象；其他，如路况、拍摄角度等也会影响成像质量。因此，将多位视频监控设备采集的模糊视频画面进行融合可以整合成较清晰的图像。

再者，智能交通系统的图像采集传感器依据职能分工，所拍摄图像的特征信息也不同。例如，往往一个传感器不能完全拍摄出交通事故现场关键事故车辆的违章信息，这就需要多方传感器多个角度的拍摄。例如，有的传感器架设在高架桥上，有的传感器架设在十字路口，距离和光线问题会造成不同传感器所采集的图像特征信息质量高低不一，有的是近景传感器负责抓拍近距离的车辆和行人，有的是远景传感器负责监控整条马路车流量及拥堵路况，把近景图像和远景图像进行融合，由于图像关键信息的互补，可以得到适合交通部门需要的高质量图像。

此外，不同摄像机的成像原理、优缺点不同，如：红外摄像机受雾霾、暴雨、强风等恶劣天气的干扰程度低，但对比度不理想；普通摄像机成像虽拥有丰富的细节呈现，但受恶劣天气影响度高，一旦遇到恶劣天气，普通摄像机的成像效果便会大打折扣。通过对两者拍摄的图像进行融合，不仅可以提高抗恶劣天气影响的程度，也可增加图像的细节，提高清晰度和质量。

总之，通过多传感器图像融合，可以获得清晰度及信息量较高的成像，大大降低恶劣天气及路况环境对系统采集图像的影响程度，使采集的画面更加清晰，有效改善交通事故排查，车辆、行人检测等的使用效率，为交管部门在处理如违法停车、逆行以及车辆超速等违章事件提供质量较高的有效证据。通过融合技术处理过的交通视频画面可提供较多的信息量，同时通过该技术将多位交通视频监控传感器所传回的数据融合在一起大大减少了对资源的浪费，加快了智能交通系统的发展。

交通图像融合处理的过程是：通过图像预处理，完成图像增强、滤波、分割等，通过图像像素级融合提高图像质量，通过特征级融合进行交通流量预测、行程车速预测、行程时间预测，通过状态级融合实现交通拥堵判别、突发事件识别等任务。最后将高质量的信息传输到智能交通处理数据库中，这样才能提高系统的运行质量和效果。多传感器信息融合对于智能交通系统的好处概括起来说就是：提高数据可信度、客观度、检测、覆盖效果以及系统性价比等。

（四）多波段舰船图像融合

随着海洋环境的开发和利用日渐增多，海上舰船目标的准确识别无论在军事还是民用领域都得到广泛的应用，如海上搜救、渔船监控、精确制导武器以及多方面的潜在海洋威胁等。可见光图像分辨率高，细节纹理清晰，并且对目标的区分度好；红外图像不受光照情况影响，可满足夜间无光情况下的工作需要，若能利用不同传感器成像的优点进行融合识别，可以有效扩展复杂条件下多波段图像目标识别的适用范围，并提高识别率。

在单波段图像无法获得精细成像的情况下，可以对多波段舰船目标进行融合识别。已有一些特征融合方法用以提高识别率、消除冗余信息、提高计算效率。例如，针对港口中的舰船目标，提取目标候选区域，利用超快区域卷积神经网络（Faster-RCNN）方法进行训练提取目标特征，可同时识别多种舰船目标及背景。还有研究建立了可见光、长波红外双波段数据集，采用 VGG-16 神经网络，在单波段图像无法获取目标时，利用另一种波段图像对目标进行识别。通过足够多转换的组合，可以学习到更加复杂的函数表达。

下面利用深度 CNN 在目标分类上的优势，利用基于卷积神经网络的图像特征融合方法，设计合理的网络模型对三波段图像进行特征提取并进行有效融合，从而实现多波段舰船目标图像特征融合。将同一目标的三波段图像并行送入三个相同的神经网络进行特征提取，利用相同的 CNN 对中波红外和长波红外图像进行特征提取，分别得到向量 B 和 C。

利用具有共视轴的三轴经纬仪对海上舰船目标进行拍摄，采样帧频均为 1s，同一时刻拍摄的三波段图像作为一个整体进行存储。可见光图像分辨率为 1024×768，中波传感器工作波段为 3.7~4.8μm、图像分辨率为 320×256，长波传感器工作波段 8~14μm、图像分辨率为 640×480。拍摄海面上行驶的舰船在不同时刻、不同背景下的图像，构建多波段舰船图像目标数据库，共包括 6 类目标，5187 幅图像。数据库中包括游轮 A 354×3 幅，游轮 B 337×3 幅，铁路轮渡 208×3 幅，货船 236×3 幅，小型渔船 291×3 幅，某型军舰 303×3 幅。在训练之前需要对数据集中的目标进行类别标注，并按照随机采样的方式将其按照 50%、20% 和 30% 的比例划分为训练集、验证集和测试集。网络训练采用随机梯度下降方法，批处理尺寸 m=32，冲量为 0.9，权重延迟为 0.0005，初始学习率为 0.01，当代价函数趋于稳定后学习率降低为 0.001，学习周期为 100。采用深度学习框架进行网络的构造和训练，在迭代 105 次的情况下，训练时间约为 4h。

实验验证分为两部分：①验证不同维度的融合特征向量对识别率的影响，确定选取的融合特征维度；②利用基于卷积神经网络的图像特征融合方法，对三波段图像进行特征提取并进行有效融合，从而实现多波段舰船目标图像特征融合。

三波段图像的融合特征维度直接影响融合算法的识别率和计算时间，通过实验确定融合特征的特征维度 F_{3CNN}。串联后的三波段图像串联特征共 12 288 维，从 $F_{3CNN}=2048$ 开始，以 256 维间隔选取一次，共取 41 个不同的串联维度测试模型的识别率。横坐标为串联的特征向量维度，上方曲线表示不同维度下的识别率，对应左侧纵坐标，下方直方图表示不同维度特征向量所对应的全连接层神经元数量，对应右侧纵坐标。

随着串联特征维度的增加，识别率趋于平缓，甚至出现逐渐下降的趋势。这是由于串联的特征向量中包含的无用噪声信息对识别造成了干扰，若不进行有效的特征筛选，识别效果与单波段识别类似，达不到融合识别的目的。综合考虑特征维度对识别率和计算量的影响，选取 $F_{3CNN}=4096$ 作为三波段图像融合特征的维度。

利用构建的多波段舰船目标数据集进行融合实验。红外波段图像的目标识别率普遍低于可见光图像的识别率，这是因为拍摄的红外图像分辨率相对较低，细节纹理等特征不如可见光图像明显，单独对其进行识别，识别率不高。融合识别结果优于各单波段识别结果。

可见光无法获得精细成像的情况：在测试的数据集中，可见光图像受海上水雾及光照影响，存在大量噪声且细节纹理特征缺乏，红外图像可用信息较少难以进行分类识别。主要有以下两方面原因导致误识别：

（1）舰船目标在航行过程中因转弯、掉头而产生部分遮挡时，由于训练图片过少或设计的特征向量维数较低，不能充分描述舰船在不同角度下的特征，导致匹配失效。

（2）某波段图像出现模糊等情况时会影响识别的准确率。

第六章
人工智能在图像处理技术中的应用

第一节　人工智能图像识别技术的优势与展望

一、人工智能中图像识别技术的优势

智能、便捷与实用，是人工智能中图像识别技术的显著优势。在日常生活与工作中，应用图像识别技术既能满足人类的现实需求，又能提高社会的生产效率。

（一）智能优势

应用图像识别技术处理图片，可以实现选择与分析的智能化。以信息技术为基础逐渐演变、发展而来的人工智能图像识别技术，显示出了超强的智能化优势。根据图像识别技术研发的特定软件，可以帮助人们从日常的工作与生活中，识别图像的数据内容与信息价值，经过智能化优势技术的分析与处理，得出具有应用价值的建议与结论，从而有利于提升人们的工作与生活效率，以及整个社会的生产效率。

（二）便捷与实用优势

人工智能图像识别技术既具有智能优势，又具有便捷与实用优势。人工智能图像处理技术的应用，可以提高人们日常工作与生活的便捷性。对于程序烦琐、流程复杂的工作，借助人工智能图像处理技术能够轻松解决关键问题，保证工作顺利完成，这是人工智能图像识别技术拥有便捷化优势的重要体现。此外，人工智能图像识别技术还表现出了鲜明的实用优势。在智能家居场景中应用人工智能图像识别技术，可以为人们提供更加高效、有序、轻松、便捷的现代生活方式。目前，人工智能图像识别技术的实用功能，在满足人们现实需求的同时，也推动了技术自身的普及与创新。

二、人工智能图像识别技术的展望

时代的发展与科技的进步，推动着人工智能图像识别技术的优化、升级与完善。伴随图像识别技术精准度的不断提升，在数据的高速处理与传输方面、多维识别方面、应用领域方面，人工智能图像识别技术能够为人类的生存与发展提供更多的便捷服务。

（一）数据的高速处理与传输

目前，人工智能图像识别技术已经具备高保真度、高清晰度特点，但是由于计算误差的存在，信息识别、数据处理与传输速度并不理想。影响人工智能图像识别技术发展的因素主要表现在两个方面：①计算机硬件设备需要升级；②信息采集与数据处理能力有待提升。

为了推动图像识别技术提高清晰度和信息采集与数据处理能力，相关人员正在积极付出努力，购置最新的计算机硬件设备，改进原有技术在采集信息与处理数据时存在的问题，确保图像识别技术的发展态势更加成熟，并逐渐降低人工智能图像识别技术的应用误差，尽最大可能满足相关行业的多元需求。

（二）多维识别

传统的人工智能图像识别技术模式以二维识别为主，随着信息技术的发展，最新的人工智能图像识别技术采用三维识别模式。三维识别虽然能够改善二维识别的图像效果，但是依然无法满足现代社会的发展需求。因此，突破三维识别模式的局限，推动人工智能图像识别技术在未来的发展过程中实现多维识别，是人工智能图像识别技术不可阻挡的创新趋势。多维识别模式在不同领域的广泛应用，在推动人类社会生活与学习工作的密切化、便捷化发展方面，发挥着日益显著的作用。

（三）应用领域更加广泛

目前，人工智能图像识别技术主要应用在农业、商业、医学、建筑与交通等领域。然而，随着时代的发展以及图像识别技术的不断完善与优化，人工智能图像识别技术的应用领域将变得更加广泛。在人类未来的学习工作与日常生活中，传统的操作模式将逐渐被人工智能完全取代，而与人工智能结合紧密的图像识别技术，必将实现更深层次的发展与完善。

第二节 人工智能在医学图像处理中的应用

自伦琴 1895 年发现 X 射线以来，医学图像已经成为诊断人体疾病的重要医学检查手段。如今，计算机断层扫描（CT）、磁共振成像（MRI）和超声等医学图像都是疾病诊断最直接、最常用的方法。然而，大量的医学图像需要临床医生和影像科医生花费很多时间和精力进行阅片分析，并且还可能会因医生个人主观经验或疲劳出现阅片错误，导致疾病错诊、漏诊和误诊等问题，因此，亟须有数字化、智能化的软件和程序来解决这个问题，提高阅片速度和效率，减少医生错诊、漏诊和误诊的出现概率。

人工智能是研究、开发用于模拟、延伸和扩展人的智能的理论、方法、技术及应用系统的一门技术科学，通常是指通过计算机程序来呈现人类智能的技术。人工智能已经成为我国科技的重要发展战略方向，其在我国各行各业都有重要体现。近年来，随着深度学习的发展，人工智能技术在医学领域取得了很多突破性进展，尤其体现在医学图像处理方面，前期主要包括 CT、MRI 和超声图像中病灶的智能识别、自动分割、三维重建和三维量化，以及后期的疾病智能诊断和预后评估。下面将从人工智能辅助医学图像分割、疾病的智能诊断和预后评估三个方面探讨人工智能在医学图像处理中的研究进展，并对今后的医学人工智能的研究方向进行展望。

一、人工智能辅助医学图像分割

从 MRI、CT、超声等多种模态的医学图像中，我们能够获取人体器官和病灶的二维生理学和形态学图像信息，但想要更直观地观察疾病病灶的三维形态和空间毗邻关系，实现对疾病的精准量化，为患者提供更准确的疾病信息、疾病诊断和最优治疗方案，则需要借助医学图像分割和三维重建技术，获得病灶及毗邻结构的三维数字化模型。传统医学图像的分割与三维图像重建主要依靠人工进行，存在耗时、烦琐、主观偏差（不同人员对知识的掌握与理解不同，导致分割与重建的误差）等缺点。

人工智能技术的运用对于医学图像分割具有重大的意义和应用价值，特别是基于深度学习的卷积神经网络算法有助于提高分割效率、缩短分割时间、减少主观偏差，可以将医生的精力从图像分割中解放出来。近年一些研究表明，通过对经典卷积神经网络模型的改进可以在医学图像上对一些复杂组织结构达到很好的分割效果。

目前，基于人工智能的深度学习算法常用于医学影像学图像如 CT、MRI、超声和病理学图像的分析。一般在图像中选择一些具有一定准确几何形态规律的、相互变异较小的、边界比较清楚的人体组织结构来进行深度学习算法或软件的训练，比如人体大脑、小脑、肝、肺、肾、脾、乳腺、甲状腺、骨骼肌等，尤其目前的研究在肝癌、肺癌等常见病、多发病的体现最多，往后的研究会逐渐向适合深度学习的而又为常见病多发病的实质性脏器疾病发展，如胰腺癌、食管癌、腮腺肿瘤等。

然而，对于一些变异较大的结构如小肠、静脉，就不大适合使用深度学习算法进行分割，反而阈值法和区域扩增等传统算法可能会更加适合，因为目前的深度学习算法大多属于监督学习，需要医生的精准标注进行训练，而标注这些变异较大的结构会大大增加医生的工作量。因而，肉眼能识别和分割出来的结构，人工智能分割实施效果会较好，肉眼难以准确识别的结构，人工智能算法效果也会欠佳。因此，目前开展人工智能进行医学图像分割研究需要选择合适的分割结构和合适的临床疾病，但随着人工智能方法的不断更新，非监督学习的发展，医学图像的分割难题可能会得到解决。

二、人工智能辅助疾病的智能诊断

医学疾病的诊断对患者预后评估以及治疗方案的选择至关重要，然而，医生对医学影像的准确解读需要较长时间专业经验的积累，有经验医生的培养周期相对较长。因此，人工智能辅助疾病的智能诊断非常重要和关键，不仅可以提高对医学图像的检测效率和检测精度，减少主观因素带来的误判，提高医生诊断速度，帮助年轻医生对比学习和快速成长，还能帮助缺少医疗资源的偏远地区、基层医院及体检中心提高筛查诊断的水平。这方面研究主要包括医学图像上疾病病灶的识别与分类，特别是在皮肤癌、肺癌、肝癌等常见疾病的诊断方面有突出进展。

早在 2017 年斯坦福大学的研究者已经成功训练了一个可以诊断照片或皮肤镜下皮肤癌的深度学习算法，该算法不仅可以区分角质形成细胞癌和良性脂溢性角化病，还能准确识别出恶性黑色素瘤和普通的痣，该研究设计的深度卷积神经网络在测试时都达到了专家的水平。人工智能的皮肤癌鉴定水平已经达到了皮肤科医生水平，预计在不久的将来，具有该皮肤癌诊断算法的移动设备可以让皮肤科医生的诊断拓展到诊室之外，实现低成本的皮肤病重要诊断。

人工智能辅助肺癌的识别和诊断可显著减少过度诊断，主要的应用是在医学影像的基础上通过区分良性和恶性结节来改善肺癌的早期检测，因为早期识别恶性肺结节对于肺癌后期的手术、放化疗等治疗至关重要，同时决定了肺癌的预后。

　　随着越来越多研究的发表，人工智能技术在肝病诊断和治疗方面的应用也越来越多。此外，人工智能在辅助膀胱癌的诊断上也有一些应用进展。

　　疾病快速精准诊断是精准治疗的关键，传统的诊断存在医学诊断个体差异、耗时长、优势医疗资源相对匮乏等问题。人工智能辅助疾病诊断包括疾病病灶检测和疾病分类分期确诊，数据源主要来自人体影像学和病理学数据。在诊断效率上，人工智能在某些疾病的诊断上水平已经超过了医生，已经在临床上开始使用，比如肺癌、皮肤癌、乳腺癌等这几类都是常见的肿瘤，因为其训练样本达到了几千或几万病例。其他疾病如胶质细胞瘤、宫颈癌、直肠癌的智能诊断还处于发展阶段，主要原因是训练集样本量不够多，非多中心实验，这一部分研究仍可继续挖掘。还有一些如非肿瘤性的内科疾病比如感染性疾病、自身免疫性疾病等仍未作为研究的重点，这一部分的研究仍可继续开展。

　　人工智能辅助疾病诊断模型存在构建的通用性模型在特定任务中表现不理想的情况，如人体眼底彩色照片的眼底疾病的筛查和诊断中，使用通用性筛查模型往往在具体疾病的识别中表现就不够理想。同时，模型的构建，往往对图像的源数据质量要求比较高，如不同医院、不同医疗设备、不同操作技师所获取的数据就不一样，如果只用来自一家医院的数据，而不入组其他医院的，那么最后构建的模型，就不能精准智能诊断其他数据源的数据。因此，人工智能辅助诊断研究，早期可从单中心数据源选择入手，但在后期，则需要考虑多中心数据，这样，构建的智能诊断模型才能具有通用性。

　　人工智能诊断疾病的技术路线要基于影像科或病理科医生，把他们的疾病诊断思路弄清楚、弄明白，才能更准确地让机器学习医生的诊断思路，进行智能诊断，从而达到疾病的精准诊断。如病理科医生诊断肿瘤，先判断细胞核的核分裂象和核异质性，再考虑细胞质的异常变化，另外皮肤科医师根据痣的大小、边界、颜色、质地均匀度、部位进行痣良恶性的判定，让机器按这样的思路学习才能事半功倍，实现精准诊断。

三、人工智能辅助疾病的预后评估

　　通过患者信息和图像分析，提取肿瘤的大小、部位、形态、边界、质地等特征，预测疾病治疗反应，评估疾病的预后，可以帮助医生更好地选择合适的治疗方式，这方面的研究在不断发展，这也是医生和患者都关心的问题。通过近些年的发展，影像组学在肿瘤诊断、分期、预后以及预测治疗反应等方面也取得很多进展。结合深度学习和影像组学的优势，可以更大程度地对疾病进行治疗反应预测和预后评估。

　　人工智能辅助疾病预后评估通常采用回顾性的研究分析方法，构建疾病智能预后评估模型，进行预后风险性评估研究和手术、放疗以及新辅助化疗风险性评估。目前，这一部分的研究逐渐成为医生和医学家关注的重点，比例在增高，甚至部分领域高于目前的人工智能辅助诊断研究。

疾病预后评估智能模型的构建及研究，同样需要结合临床医生的思维和诊断流程，比如肺癌、肝癌的智能预后评估，危险性主要跟其结节大小、部位、边界、质地均一度、供应血管丰富程度、与重要脏器的毗邻关系、与重要血管的毗邻关系和病理学结果有关，这样才能让机器学习到相关性强的深层特征。

第三节　基于人工智能算法的敦煌舞图像处理技术应用

在图像处理环节中引入的人工智能算法，算法类别包括遗传、蚁群等方式，用于对图像边缘进行测定、准确切割图像、辨别图像信息、图像内容匹配、图像类别划分等，具有较高的应用价值。现阶段人工智能算法的应用体系尚未成熟，处于持续完善的状态，在时代发展进程中，将会出现更多算法，以提升图像处理过程的完善性，带动智能算法处理敦煌舞人脸图像分类的有序发展。

一、人工神经网络技术

神经网络的智能技术，是以动物神经网络为基础，对其进行了模拟与智能演化，构建出具有数学推理的计算模型，用于信息处理，借助模型内部各节点之间的关联关系，实现图像处理的目标，表现出程序智能化、功能自主完善、智能推理等优势。在图像压缩处理时，可使用神经网络技术，在图像出入层位置设计若干个节点，在中间传输位置设计较少数量的节点，在网络学习完成时，借助较少数量的节点进行图像反馈，便于图像信息完整存储与有效交互，提升存储空间的节约效果，增强信息传输有效性，便于图像输出位置准确展现各项信息。

神经网络应用在各行业高精专业图像中，具有较强的信息提取、类别划分能力。

二、神经算法进行图像信息提取与处理

（一）敦煌舞影像信息提取的应用

1. 神经算法的使用优势

图像信息分类与提取的结果，是敦煌舞图像分析的关键依据。对图像进行细节划分，使其成为若干个图像节点，进行局部图像细节查看，采取图像放大、图像读取等方式，以保障图像信息提炼的全面性与准确性。一般情况下，原有舞蹈图像处理时，集中引入了灰度特点、边缘测定两种方法。然而，在敦煌舞图像获取时存在的分辨率不高、信息完整性不全等问题，此种图像分割处理，并不适用于各类异常组织的检测活动。

神经网络技术的引入，有效解决了原有分割方法的不足，切实提升了数据提取速度，增加了数据输出效果。如果将神经网络与分割两种技术进行融合处理，能够有效提升敦煌舞图像的处理效果，确保图像分割质量，提升图像分析能效。

2. 神经算法的应用表现

在舞蹈图像分析实践中有专家以神经网络为视角，进行了灰度处理、轮廓提取的多重技术融合，以此完善神经网络敦煌舞图像的处理功能。比如，使用分水岭处理方法，借助图像分割优势，融合于神经网络算法，有效减少敦煌舞图像信息处理的精细性，尝试获取较小的图像分割单元。在此基础上，进行空间信息按类查找，确保图像分析的全面性。在图像处理时，配合其他算法联合开展图像分割，共同落实图像分析。分析结果发现：借助量化分析方法，能够有效获取神经网络结构的基础特征，有效发挥出算法的信息搜查、信息提取各项能力，显著提升了敦煌舞图像处理效果，实现精准切割目标，顺应敦煌舞研究的各项要求。

在提取敦煌舞人物姿态时，神经网络算法具有较为活跃的应用优势。在识别舞蹈图像时，较为关键的图像信息是微钙化，借助特定方式提升微钙化检测的有效性，然而在实践中仍然存在误诊与漏诊的情况。借助神经网络算法，在进行微钙化问题排查时，能够显著提升图像信息提取的有效性，在各类算法进行完成时，神经网络能够智能判断壁画图像中的异常情况，使误判率减到最小，有效提升了敦煌舞姿图像效果。

借助神经网络构建的信息处理模型，在用于图像信息排查时，仅须准确添加出入参数，能够确保向量机分割精准性，在给予相应训练后，神经网络具有更强的学习能力、信息存储效果，能够在数秒内获取敦煌舞图像信息的处理结果。

相比传统图像分割处理方法，神经网络表现出较强的图像分割优势。在神经网络完成数据训练后，能够提升数据与图像的匹配准确性，切实增强诊断效能；与此同时，神经网络图像在对图像进行分割处理时，对于灰度与边界线并未给予较高依赖。在算法应用时，不以概率分布为起点，由此获得了分割影像更具信息展示能力，显著提升了图像诊断的准确性。

此外，神经网络算法在实践使用时，对于噪声、辐射等客观因素的干扰，表现出较强的对抗能力，由此降低了伪影、虚影各类图像处理问题，切实排除了不确定问题。

（二）敦煌舞壁画线条检测

1. 深度学习

在人工智能发展时期，神经网络算法相应获得了完善，深度学习成为全新的智能发展方向。卷积神经网络具有平移固定性、局部信息精练性，能够有效优化数据训练次数，在图像分析中，可采取分块信息处理方式，能够提升信息获取的全面性。

卷积类型的神经网络分析，相比全局分析更为精密。假设图像中的每个神经单元，有效连接于长宽均为 10 的像素中，此时的权值数量结果为 1×10^8，数据量能够实际收回的指数倍数不多。

如图 6-1[①] 所示是卷积层进行图像分析的过程示意图，表现出卷积核的参数平移固定性，提升了神经网络数据交互与共享的平稳性，以保障图像处理的完整性与高效性。图 6-1 中给出的图像，是卷积分析完成时获得的图像结果。

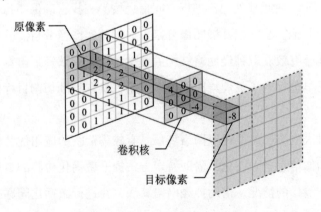

图 6-1　卷积图像分析示意图

假设单通道图像宽参数为 K 高参数为 H，卷积核 w 对应参数为宽 k 高 h，则卷积分析获得的图像结果 y，在图像第 i 横列、第 竖列的公式表达方式为：

---

① 刘磊，袁林德，王紫宁，等．基于人工智能算法的敦煌舞图像处理技术［J］．软件，2021，42（08）：41.

$$y(i, j) = \sum_{u=1}^{h} \sum_{v=1}^{k} W_{ulv} \times X_{i+u-1, j+v-1} \qquad (6-1)$$

关系式中 u 与 v 分别对应的是图像与目标图的分析节点，x 表示是原分析图像。

2. 敦煌舞壁画舞蹈姿势检测应用

2020 年在对《供养菩萨》进行信息采集与图像分析时，使用了卷积神经分析方法。敦煌舞壁画则有佛图像、乐奏、飞天等。采集光线包括强光照、弱光照等类别。拍摄时间为上午 8 点至下午 5 点。采集数据表现出差异性，便于图像分析与检测。

第四节　基于物联网技术的人工智能图像检测系统设计应用

一、物联网技术基础

（一）物联网技术的背景

物联网的出现改变了人们的思维习惯和生活方式。传统的思维认为车站、公路、机场等物理基础设施和计算机、宽带、数据中心等 IT 基础设施是相互独立的，但随着物联网的出现，物理基础设施和 IT 基础设施逐渐形成一个整体，成为统一的基础设施。可以说，物联网的基础设施创造了一个崭新的地球。

物联网的定义体现在字面意思中，"物"即物体、物品，"网"指网状、网络，"联"指关联、联系，将这些含义组合起来可以得到物联网的初步定义，即通过类似网状的形式将各个物体之间联系起来的一种体系结构。这种网状结构和互联网差不多，只是互联网指的是人与人之间的联系，而物联网是将物与物联系起来，它的主要目的是进行信息交换与通信。

任何事物之间都具有联系，互联网和物联网是相互依存、相互联系的关系。

（二）物联网技术的发展

尽管物联网的发展面临诸多困难与挑战，但在国家大力推动信息融合与工业化的支持下，物联网技术将是各行各业信息化和国家工业化过程中一个重要的突破口。物联网是促进经济发展的众多新兴因素中最有潜力的一个，发展好物联网，不仅能推动现有经济产业的转型和发展，还可以引领未来产业，促进战略性新产业的进步，实现社会产业和经济增长模式的变革。目前，射频识别技术已经在一些领域内进行了试验性应用，在这些应用中，有些物联网的功能已经实现了。

对于绿色环保、低碳经济这一类问题已经成为全球关注的热点问题。近年来，海洋石油污染现象，以及我们身边随处可见的雾霾现象已经严重影响了人类的生存环境，因此，改变经济模式的问题已经迫在眉睫，随着技术的改革创新，物联网技术成为实现低碳经济的重要途径。物联网技术带来的经济效益主要体现在生产、销售和投资等领域，这些都是可以直接观测到的。但物联网对于环境所产生的经济利益无法通过货币形式直接估量，造成的影响也难以界定。虽然有诸多现实问题，但是物联网技术仍然是发展低碳经济的重要手段，主要表现在以下两个方面：

第一，信息获取扩大，物联网技术扩大了人们获取信息的途径和范围，降低了获取信息和信息传递的成本，这有利于促进观测物质世界的方式不断完善和改变。如对海洋生物、气候以及外层空间的信息获取与传递。

第二，物联网技术可以实现无人远程控制，加强对人类社会的智能管理，节省设备和人力等固定资本的投入。此外，智能化管理可以提升决策的准确性，实现节能减排，避免资源浪费。例如，物联网技术应用于智能交通系统，可以减少油耗和汽车尾气排放，促进低碳经济。

目前，物联网技术已经在世界多个国家有了很大发展，并被认为是解决金融危机的有效手段。在一些发展中国家，物联网产业还不发达，在核心技术方面同发达国家相比有较大的差距，因此很大程度限制了这些国家物联网技术的发展和普及。目前，我国物联网产业的发展目标是实现关键技术突破，进行试点应用。物联网产业发展迅速，在未来有着广阔的应用场景。现在物联网技术已经在交通、农业、家居、环境监测、物流管理、企业管理等领域有了一定的技术积累，带来了爆发性的利润增长点。

从我国物联网产业发展形式可以看出，我国政府对物联网技术的发展十分重视。随着科技的不断进步，物联网技术的优势逐渐显露出来，越来越多的国家认识到了物联网的重要性，并将其广泛应用在未来的科技行业中。在物联网未来发展的过程中，物联网的标准体系将会随着物联网的发展需要、市场对物联网的需求、政策性引导等多方面因素的约束而出现标准的衍生与变化。这带来的是物联网核心竞争力与市场适应力的不断发展与提升。物联网的相关标准将会成为人们广泛接受的一种行业规定。

在我国，物联网的应用已经渗透到生活的各个方面，对经济的快速发展发挥了重要作用。在农业方面，农业物联网技术包括了智能农业和精细农业等。从生产到销售的整个环节，完整地构成了农业物联网的体系架构。

综上所述，物联网技术将会成为社会经济快速发展的有力推手。目前，我国物联网产业的发展正在稳步推进中，虽然取得了一些成果，但也面临着很大的挑战和问题。如物联网的技术不够成熟、物联网发展规划不清晰等。只有合理解决这些问题，才能让物联网技术为我国社会、经济的发展更好地提供支持和服务，并且促进和完善我国物联网的全局性、科技性布置，最终实现我国物联网的可持续与快速发展。

（三）物联网技术的原理

人们对互联网的相关概念早已耳熟能详，互联网是指通过计算机信息技术将两个或多个计算机终端、客户端和服务器互连，人们可以一起工作，甚至可以在数千里之外进行聊天、视频通话、发送电子邮件和娱乐，互联网将世界各地的人连接起来，打破了人与人之间时间和空间的限制，物联网更进一步，不仅可以连接人，还可以连接物，互联网构建了虚拟网络的世界，而物联网则连接了真实的物理世界。互联网是物联网的基础，物联网是互联网的延伸和发展，因为物联网中的信息传播需要通过互联网进行。物联网将用户端延伸到了物与物、人与物之间。

在互联网上，人是使用和控制互联网的主体。信息的产生和传播都是由人进行的；物联网以物为中心，进行信息的收集、传输和编辑。互联网主要应用在个人和家庭中，物联网则更突出行业、个人和家庭市场。

从如何连接的角度来看，物联网中的对象或人具有与当前互联网访问地址相似的唯一网络通信协议地址。泛在网络是物联网发展的高级阶段，是物联网旨在实现的最高目标，它代表了未来网络发展的趋势和方向。泛在网络可以支持人对人、人对物（例如设备和机器）以及物对物的通信。泛在网络意味着通过服务订阅，个人和设备可以在最小的技术限制下随时随地以任何方式访问服务和通信。简而言之，泛在网络是无处不在且全面的网络，其中包括各种应用程序，以支持随时随地的人与物之间的通信。

（四）物联网技术的特征

物联网是在互联网的基础上建立和发展的，其运行离不开互联网。但是物联网和互联网又有许多明显的区别，从网络的角度来看，物联网主要有以下三个特征：

第一，互联网特征。互联网为物联网中的各个设备之间的通信提供网络基础，实现了物联网间的信息传递。物联网中存在大量的传感器，传感器收集到的信息需要通过互联网传输，物联网的重要特征就是"物品触网"，通过对互联网各种协议的支持来保证信息传输的可靠性。

第二，识别与通信特征。物联网中的传感器种类和功能各不相同，所收集到的信息囊括了生活的方方面面，这些信息具有时效性，因此要对信息不断进行刷新。这些传感器将物理世界信息化，将分离的物理世界和信息世界高度地融合在一起。

第三，智能化特征。物联网不是单纯地收集信息，而是根据信息对相关的设备实现智能化的自动控制。物联网以收集到的信息作为基础，对这些信息进行处理和计算，并利用各种关键技术，实现相关的操作和管理，进而满足不同用户的各种需求。物联网使得自动化的智能控制技术深入生活中的各个领域。

（五）物联网技术的形态结构

1. 开环式物联网

对于开环式物联网的形态结构来说，传感设备的感知信息包括物理环境的信息和物理环境对系统的反馈信息，对这些信息智能处理后进行发布，为人们提供相关的信息服务（如 PM2.5 空气质量信息发布），或人们根据这些信息去影响物理世界的行为（如智能交通中的道路诱导系统）。由于物理环境、感知目标存在混杂性以及其状态、行为存在不确定性等，感知的信息设备存在一定的误差，需要通过智能信息处理来消除这种不确定性及其带来的误差。开环式物联网的形态结构对通信的实时性要求不高，一般来说，通信实时性只要达到秒级就能满足应用要求。

最典型的开环式物联网形态结构是操作指导控制系统，检测元件测得的模拟信号经过A/D 转换器转换成数字信号，通过网络或数据通道传给主控计算机，主控计算机根据一定的算法对生产过程的大量参数进行巡回检测、处理、分析、记录以及参数的超限报警等处理，通过对大量参数的统计和实时分析，预测生产过程的各种趋势或者计算出可供操作人员选择的最优操作条件及操作方案。操作人员则根据计算机输出的信息改变调节器的给定值或直接操作执行机构。

2. 闭环式物联网

在物联网的闭环式形态结构中，传感设备的感知信息中有物理环境信息和物理环境对系统的反馈信息，传感设备的控制组件会对这些信息进行处理，集合信息生成决策的算法和控制指令，从而执行系统根据控制指令对物理环境或物理状态进行改变。通常情况下，闭环式物联网的形态结构的主要作用皆是由计算机完成的，并不需要人为参与，并且完成度与效率非常高，会达到毫秒级别的精度，有些甚至会达到微秒级别。所以，闭环式物联网的形态结构需要有精确时间同步以及通信确定性调度的功能，有些还会要求其具有高度的环境适应性。闭环式物联网有以下特点：

（1）精确时间同步。精准时间同步指的是闭环式物联网各种性能的保障基础，闭环式物联网在运行时，其时序不能发生误差，时序发生错误可能会导致应用现场出现严重的问题。

（2）通信确定性。通信确定性指的是程序应该按照要求在规定的时间节点对事件进行相应的处理，处理过程中不能丢失信息、不能延误操作。在闭环物联网模式中，通信确定性要比实时性更重要。

（3）环境适应性。环境适应性指的是在各种异常的环境中都能够完整地将数据进行传输。例如，高温、电磁干扰、潮湿、腐蚀性等环境中。环境适应性包括机械环境适应性、气候环境适应性以及电磁环境适应性。

闭环式物联网的表现形式中比较常见的是现场总线控制系统，现场总线控制系统是随着数字化科技的进步而发展出来的一种工业过程现场，被使用在现场仪表和控制室系统之间的数字化、开放性以及双向多站的通信系统。这种系统的工作基本由计算机完成，是一种将计算机系统衍生成为具备控制、测量、执行以及诊断等多项能力综合性的网络化控制系统。现场总线控制系统实际上融合了自动控制、智能仪表、计算机网络和开放系统互联（OSI）等技术的精髓。

3. 融合式物联网

在物联网系统中既有繁杂庞大的电力系统，还有数量不等的小型系统。许多的单一物联网应用会进行深度的交互与跨领域合作，这些交互使得它们最终融合成为"网中网"的嵌套式结构。目前，全球都在推广物联网的使用，但是这个进程目前只是初具规模，势必还有很长的路要走。与下一代的互联网系统相比，建立一个全球性、适应性强的物联网体系架构无疑是更困难的工作。

智能电网是电能输送和消耗的核心载体，其必须包括发电、输电、变电、用电、配电以及电网调度六个功能，这也是最常见的融合式物联网形态架构。智能电网是利用信息与通信技术对电力应用进行优化，重点在于对电网进行坚强可靠、经济高效、清洁环保、透明开放等方面的支持。

二、基于物联网技术的人工智能图像检测系统设计

（一）基于物联网技术的人工智能图像检测系统设计思路

1. 云端图像处理模块的设计思路

"随着人工智能技术与物联网技术不断发展，机器视觉技术和机器视觉应用也逐渐成

为研究的热点，使得机器视觉更加具有研究价值。"① 在利用物联网技术下的人工智能图像检测系统设计过程中，需要发挥出物联网内部海量的数据资源作用和强大的信息运算能力优势，这样在利用该系统处理时可以及时、准确、全面地参考数据资源，其中云端处理图像在物联网和数据资源局中起到衔接的作用，主要是需要具备以下两个方面的内容：

首先，数据信息功能。在设计云端框架的过程中，设计人员要考虑到系统终端采集的特征信息具有较大的存储空间，进而为及时获取信息提供便利，与物联网内部的信息资源分析和比较。

其次，调取物联网资源的功能。物联网和终端数据的连接媒介云端，如果不能调取物联网内部的信息资源，将会导致调取物联网信息的能力被限制，也会限制上传图像数据信息分析比较的能力，所以说，调取物联网信息是云端图像处理的一个核心功能。

2. 人工智能信号图像合成模块设计

图像模块设计是利用物联网人工智能图像检测系统的数据结果输出模块，这种模块的设计作用在于处理云端架构平台下的物联网分析回馈结果，主要是利用图像编码进行处理，具有分析图像数据信息和还原图像的功能。同时，在人工智能信号图像合成模块中利用数据信号出入通道以及图像转换通道，在人工智能技术下实现两个通道的数据交换。其中，这两个通道的数据都是单向数据形式，也就是从数字信号到图像信号的单向转换。此外，在该系统下还利用了捆绑写入技术，使得代码的计算能力、学习能力和灵活性都得到提升，让整个图像系统具有更高效率的图像识别能力。

（二）以物联网为基础的人工智能图像检测系统的设计

1. 图像分析模块

在检测图像的过程中，需要借物联网强大的图像信息处理能力，对图像深入的分析和处理，在该环节需要利用某个媒介对物联网传输的终端数据传递，需要搭建数据中转站。之所以要搭建中转站是基于两个方面进行考虑：①在将存储图像检测系统中的终端获得待检测图像，不仅可以对信息保留，还可以随时使用，技术人员可以对存储的图像对比处理；②在该模块下具有调取物联网图像的作用，这个功能十分关键。

在具有以上两个功能之后，基本完成了图像分析模块设计。

在图像分析模块中，核心技术为智能数据架构，不论是数据存储还是数据计算，都具有强大的动态处理能力，并且在交互物联网的过程中准确率、耦合性都可以达到预期效果。

① 蒙庆华，林成钦，樊东鑫. 机器视觉原理与应用研究 [J]. 自动化应用，2020（04）：80-82.

2. 特征采集模块

在分析图像检测模块中的图像分析模块时，设计的主要目的是满足图像采集的相关特征，所以说成功采集图像特征是满足系统正常运行的关键。相较于传统的图像信息采集技术，目前采用像素点特征可以提升采集数据的准确性，随着对目标区域的特征数据成功采集，需要对这种数据进行优化，将多余的部分去除，这样可以避免与其他垃圾数据因为检测问题导致误差。对于一个完整的图像来说，其组成的基本单元是数以万计的像素点。同时，每一个像素点都还有其特定的数据信息，对于不同的数据信息来说，可以呈现出不同的图像。

根据特普勒图像特征算法，在分析图像特征时，数据的稳定性和连贯性都要好于传统的图像特征算法。对于特普勒图像特征算法利用，抓取图像特征信息的过程中也会体现出差异性小的特点，所以说，这种算法在抓取图像上具有一定的深度，可以显著地反映人工智能特征。此外，在图像采集模块中，需要设计出具有学习能力的代码，进而让模块也具有深度，提升图像的分析能力和图像特征采集的准确程度。

3. 整合图像模块

在整合图像模块的设计中，需要对两个通道进行设计：其一是输入什么样子信号，这个信号是单向的，只能让数学信号输入，然后向图像信号转换；其二是数字信号向图像信号的转换，进而完成图像整合与设计。

参考文献

[1] 陈瑛, 徐立钧, 龚著琳, 等. 图像处理与分析技术在分子影像学研究中的应用 [J]. 上海交通大学学报 (医学版), 2015, 35 (4): 605-610.

[2] 杜淑幸. 计算机图形学基础与 CAD 开发 [M]. 西安: 西安电子科技大学出版社, 2018.

[3] 郭斯羽. 面向检测的图像处理技术 [M]. 长沙: 湖南大学出版社, 2015.

[4] 何薇. 计算机图形图像处理技术与应用 [M]. 北京: 清华大学出版社, 2007.

[5] 李斐. 相位差图像复原技术研究 [J]. 物理学报, 2012, 61 (23): 13-21.

[6] 刘东, 王叶斐, 林建平, 等. 端到端优化的图像压缩技术进展 [J]. 计算机科学, 2021, 48 (3): 前插 1-前插 2, 1-8.

[7] 刘磊, 袁林德, 王紫宁, 等. 基于人工智能算法的敦煌舞图像处理技术 [J]. 软件, 2021, 42 (8): 39-41.

[8] 刘守鹏, 倪泰乐, 王娟娟. 图像处理技术在舰船电站虚拟仿真中的应用 [J]. 舰船科学技术, 2020, 42 (14): 106-108.

[9] 蒙庆华, 林成钦, 樊东鑫. 机器视觉原理与应用研究 [J]. 自动化应用, 2020 (4): 80-82.

[10] 潘子君, 潘成, 唐炬, 等. 基于图像复原技术与约束最小二乘方滤波器的绝缘子表面电荷反演算法 [J]. 电工技术学报, 2021, 36 (17): 3627-3638.

[11] 唐波. 计算机图形图像处理基础 [M]. 北京: 电子工业出版社, 2011.

[12] 王诗涛, 丁飘, 黄晓政, 等. TPG 图像压缩技术 [J]. 电信科学, 2017, 33 (8): 35-44.

[13] 王志喜, 王润云. 计算机图形图像技术 [M]. 徐州: 中国矿业大学出版社, 2018.

[14] 吴培希. 有关零相数字滤波器的实现 [J]. 信息系统工程, 2012 (4): 95-96.

[15] 吴毅, 张小勤. 人工智能在医学图像处理中的研究进展与展望 [J]. 第三军医大学

学报，2021，43（18）：1707-1712.

[16] 吴娱. 数字图像处理 ［M］. 北京：北京邮电大学出版社，2017.

[17] 吴振华，沈虎峻，公佐权，等. 一种基于自适应分块八叉树颜色量化的图像压缩技术 ［J］. 计算机工程与科学，2020，42（2）：291-298.

[18] 徐梅，张显强. 几种处理模糊图像复原技术的方法 ［J］. 智能城市，2019，5（9）：19-21.

[19] 杨露菁，吉文阳，郝卓楠，等. 智能图像处理及应用 ［M］. 北京：中国铁道出版社，2019.

[20] 杨琼，苏宇. 大数据图像处理技术在无人船运行自动监测中的应用 ［J］. 舰船科学技术，2020，42（18）：73-75.

[21] 姚军财. 基于颜色色差的彩色图像压缩技术研究 ［J］. 液晶与显示，2012，27（3）：391-395.

[22] 雍佳伟，田雨，许克峰，等. 一种结合图像复原技术的自适应光学系统控制方法 ［J］. 物理学报，2020，69（6）：247-256.

[23] 袁璞，郭歌，王莹，等. 基于 AI 视频图像处理的水电机组运转监测与智能报警技术研究 ［J］. 电网与清洁能源，2022，38（1）：121-127，134.

[24] 占俊. 计算机图像处理技术在茶叶质量品质区分中的应用 ［J］. 福建茶叶，2020，42（6）：31-32.

[25] 朱方生，李订芳. 计算机图形与图像处理技术 ［M］. 武汉：武汉大学出版社，2005.

[26] 朱磊，冯成涛，张继，等. 动态背景下运动目标检测算法 ［J］. 现代电子技术，2022，45（6）：148.